天下文化
BELIEVE IN READING

大象與跳蚤

組織與個人的新關係

查爾斯・韓第——著

潘東傑——譯

Charles Handy

The Elephant and the Flea
Looking Backwards to the Future

CONTENTS

The Elephant and the Flea

Looking Backwards to the Future

編者附言

當代著名的英國思想家查爾斯・韓第（Charles Handy）著述豐富。天下文化曾先後出版過他的十一本著作。經過嚴格的挑選，將四本經典改版，呈顯出二十年來他思考的軌跡。

一、《覺醒的年代》（一九九四）
二、《大象與跳蚤》（二〇〇二）
三、《你拿什麼定義自己》（二〇〇六）
四、《第二曲線》（二〇一五）

同時推出他的最新著作：《你是誰，比你做什麼更重要：英國管理大師韓第寫給你的21封信》（*21 Letters on Life and Its Challenges*）。我們將他前後的五本著作合成「韓第專輯」，減少讀者遺珠之憾，並邀請與他相知甚深的高希均教授主筆導讀。

總導讀

英國韓第大師的思潮縮影——展開「閱讀韓第」心靈之旅

美國威斯康辛大學榮譽教授　高希均

（一）英格蘭小鎮的田園景色

「從我寫作的房間可以遠眺英格蘭東部的田野與森林。這真是抒情詩一般的田園景致，只等待後代如康斯塔伯（John Constable，英國畫家）般的畫家用油彩把它捕捉下來。看著古老的照片，你會覺得眼前的景色跟一百年前一模一樣，有些事物是不會變的。」

是這段話的引誘，使我要去探訪這個景色。十七年前（二〇〇三）的九月下旬，從倫敦坐火車出發，一個半小時後，到達了這座田園之美的小鎮諾福克（Norfolk）。迎接我的，就是主人韓第夫婦（Charles and Elizabeth Handy）。

坐在那一大片落地窗的書房中，望著窗外那無邊的田野與綿延的森林，那是一種人生的美；討論著伊拉克的砲火與落後地區的貧窮，那是一種現實的痛。韓第不是一個悲觀主義者，他以歐盟為例，指出「經濟繁榮代替了戰爭夢魘」。他驕傲的說：「我不只是愛爾蘭人、英國人，我是歐洲人。」

韓第先生親自下廚，豐盛的午餐後，夫人端出她調製的愛爾蘭咖啡，話題轉到他的寫作計畫，他走近書桌，拿出一疊稿件，微笑的給我：「這是我不久前為BBC每週一次所播講的手稿，尚未出版過。它們是討論當前世界上十三位重要的管理大師。如果你覺得合適，可以譯成中文出版。」

這樣的驚喜，是他送給「天下文化」以及華文世界讀者最珍貴的禮物。一年後以《大師論大師》在台北首印出版。

（二）韓第比政府更能改變世界

年已八十八歲的韓第，他晚年的聲譽始終未減。他近二十本著作、《哈佛商業評論》的文章、ＢＢＣ的廣播評論、重要的主題演講，使他贏得了大西洋兩岸的讚賞。他曾在二〇〇二年十一月應「天下文化」及「遠見」之邀專程來台演講，引起了熱烈的迴響。

學術界與媒體常用各種稱呼表達對他的尊敬：「企業思想家」、「出色的教授」、「真正內行的專家」，還有人尊稱他是「英國的國寶」。我猜想他歡喜被稱為「社會哲學家」或「組織行為專家」。

對他的最大讚賞應當是：「在現實生活中，韓第比政府更能改變這個世界。」

韓第的一生充滿了豐富的經歷：愛爾蘭都柏林牧師家庭的童年、牛津攻讀，進入在新加坡的皇家殼牌石油公司，期間又去美國ＭＩＴ讀管理，嚮往大企業（亦即大象）所提供的安定與舒適，曾在倫敦商學院任教，最後終在四十九歲，下定決心脫離大象，做一個獨立工作者（亦即跳蚤）。

面對網路世界，英國《經濟學人》列舉了十項「管理要領」：速度、人才、開放、合作、紀律、溝通良好、內容管理、關注客戶、知識管理、以身作則。

韓第感慨的說：「這不正是我過去三十年來一再強調的嗎？」知道這些不難，要徹底執行就不容易。

（三）「財富正義」密不可分

晚年的著述是揉合了市場經濟、企業文化與人道觀點，低聲的在提倡營利，大聲的在鼓吹對人的尊重。從他那典雅與親切的文字中，浮現出的是一位溫和、理性、熱情、博愛的愛爾蘭理想主義者，而非冷漠自負的倫敦紳士。近年來他一直在探討：什麼樣的工作方式與生活方式是最適合二十一世紀的社會？

近年的著述中，他又提出了值得大家深思的論點：

(1)提升關懷的文化：不能只顧一己之私，要愛人如己。
(2)共擁一套道德標準：沒有這樣的道德標準作後盾，法律很難有效執行。
(3)改變世界：以各種方式來詮釋這個世界是不夠的，必須在實質上大家共同努力來改變它。
(4)按自己認為正確的方式生活，然後快樂的活著。
(5)終身學習，變中求好。

二〇〇二年五月韓第先生在道賀「天下文化」二十週年的文章中指出：美國九一一悲劇後，使他更相信：「商業的本質不只是商業……，企業要獲得民眾的尊敬，民眾要知道企業不只是在為自己奮鬥，也在為社會努力。如果不能達到這樣的境界，資本主義必然會喪失人們的信心，走向失敗之途。」（全文參見《遠見雜誌》二〇〇二年六月一日，頁四十四—四十六）。韓第在西方社會一生的體驗再度說明：個人的自由與獨立，是與財富的分享與社會正義密不可分。

「天下文化」近四十年來出版了四千餘種書，特別挑選組合了韓第的五本著作，就是希望全球華文讀者能夠揉合東西方思維，在當前新冠病毒蔓延，全球化受到挫折與質疑聲中，冷靜的思考一種前瞻、樂觀、合作、正義的理念。

誠品創辦人吳清友對韓第有深刻的評述。「韓第大多論及know why，而少談know how。我有次與童子賢先生閒談，他說他發現許多最高決策往往不是商業決策，而是哲學議題。」

吳清友先生在推薦經典書籍時常寫著：

我在青壯年正想鵬程萬里的時候讀，
我在經營誠品虧損不堪的年代讀，
我也在病痛苦悶的時光中讀，
閱讀是永恆的，閱讀是私密的，
是不同生命情境時刻的心靈知音。

那麼我們就鬧中取靜，擺脫手機，展開「閱讀韓第」的心靈之旅。

韓第在西方社會一生的體驗使他相信：個人的自由與獨立，要與財富的分享、社會的正義相互平衡。

韓第不僅是管理大師，更是傳統思維的解放者，追求人類和諧相處的人道主義者。

作者序

十年間的變與不變

能向台灣新一代讀者介紹這本書，我感到相當榮幸。十年後重讀這本書是很有趣的事。我思考著，有如此多的事物已經改變，但是在泡沫底下，又有多少事物恆久不變。

本書首次在英國出版一週後，兩架客機撞進紐約世貿中心的雙子塔，從此世界似乎再也不同以往。的確，這次攻擊行動引發中東地區一連串的戰爭，以及至今未停歇的全球恐怖主義威脅。但除非人們直接涉入其中，否則各自的日常生活大多一如往常，而且有過之而無不及。

沒有人能預料，世界對九一一恐怖攻擊事件的反應，會是一波經濟榮景與奢侈揮霍的氛圍。人們開始花錢，然後借錢來花更多錢，銀行家們更在背後推波助瀾，鼓吹貸款，而且愈玩愈大。或許是暴力的威脅促使人們及時行樂，因為未來是如此不確定。市場崩盤在所難免，泡沫終究會破滅，但是當事件發生時，眾人依舊料想不到，雷曼兄弟玩火自焚。這家百年老字號率先察覺到那龐大過頭的債務，卻發現無人出手相救。

這使得組織和個人面對現實，進行自身總體檢。大家被迫誠實面對自家的資產和期望：各個組織自我重整，各國政府減少承諾，個人也被迫重新思考人生，許多人已經發現，長久以來享有的長期工作可能已經成為過去式。

當我看著這些情況發生，感受到我在本書第二部提出的挑戰，變得比以往更加重要。現在當務之急是，組織應該正視管理企業的問題，企業必須既全球化，也要兼顧地方性，我稱此為「聯邦主義」（federalism）的挑戰。值此快速推進的時代，我們同樣不能忽視探討結合創新和效率的第二項挑戰。一成不變的行事方式已經不再適用於毛利不斷縮水的世界。

更重要的是，大型企業（特別是大型銀行）的聲譽已經動搖。我喜歡向擔任高階主管的觀眾展示一些玻璃帷幕大廈的照片，這種玻璃帷幕大廈如今在各大城市、各企業總部隨處可見。我告訴他們，想想看，這些大廈採用玻璃帷幕，卻讓人無法看到內部；它們擁有名稱，但這些名稱對外部的人大多毫無意義，只是故意設計成在任何語言中都不具意義的一串字母或文字；那些主事者的名字大多不為外界所知，而且只對支付他們酬勞的人負責，而支付他們酬勞的人，主要由通常在遙遠城市裡其他玻璃帷幕大廈中工作的人士為代表；最諷刺的是，這些機構雖然是我們民主社會的支柱，本身卻是最不民主的。

難怪二〇一一年，青年男女在全球兩千個城市的公共場所搭帳篷露宿，抗議特權的猖狂濫用。可以想見，事實或許已經證明第三項挑戰，亦即企業的社會責任，已成為這些企業最需嚴陣以待的議題。

第四項挑戰，亦即管理智慧財產這個新類型資產，這項挑戰在過去十年也變得更加重要。不過雖然這種資產對企業愈形重要，卻一直很難被評估和控制。它也是一個棘手的概念。你很難確定到底誰擁有智慧財產，它屬於腦中具有這項概念的個人，還是屬於聘用單位？如果屬於後者，聘用單位如何確保這項概念不會因為發想者離職而被一併帶走？即使留住概念，新媒體的盛行，也將組織變成過濾構想和資訊的篩子。

事實證明，本書的主要論點「跳蚤會逐漸離開大象」是正確的，特別是當跳蚤可以帶走自己努力贏得的技能和智慧財產時。但是跳蚤（獨立工作者或是小型企業）的生活並不比以往更輕鬆。擁有專屬技能或絕佳構想是一回事，但將它們帶進市場仍是一大挑戰。不過，愈來愈多人不在乎沒有保障，嘗試我所謂的「跳蚤組合式生活」，喜歡它帶來的自由。對許多人而言，面臨壓力的大象已經成為靈魂的監牢，為保存個人的完整和人性，離開大象一定會比被大象壓扁好。

身而為人，我們很幸運的能夠界定自己的人生，決定自己的生活方式、同伴和生活的目的。這些問題對每個人來說都不容易，但是要把決定權拱手交給組織似乎也太荒謬。許多人才具備企業所需的智慧財產，如果組織想要持續留住這些人才，就必須成為跳蚤的聚集地。這將會成為企業最終極的挑戰。

我寫書一向會考慮到未來十年間世界會變成什麼樣子。現在回顧本書，我不想改變任何內容。不論是好是壞，職場世界已經大有改善，一如我的預期。

查爾斯・韓第

英格蘭諾福克（Norfolk）

二〇一一年十二月

第一部

出發點

第一章

中年才當跳蚤

photograph © Elizabeth Handy

一九八一年七月二十五日，我四十九歲生日，算不上是什麼大日子。一早起來，腦袋還昏沉沉的，但我卻已意識到此時此刻，有句老掉牙的古諺還真是貼切：今天將是我接下來人生的第一天。在六天之內，我就會失業了。這是我的選擇。當然，我不叫它是失業，我稱它是「組合式生活」（portfolio life），我很驕傲能使用這個幾年前自己發明的名詞，我用這個名詞來預測，二十世紀末將會愈來愈流行的生活方式。

在提出這個預測的時候，英國正揭開柴契爾時代的序幕，而我竟膽敢預言到二〇〇〇年底，從事傳統「不定期契約」工作的全職就業人數，將不到就業人口總數的一半；其他人不是自雇、兼職、打零工，就是從事不領薪水的工作。當時我指出，如果我們想糊口，就得有不同性質的組合型工作，或掌握一群不同的客戶或消費者。無論如何，要過一個充實又豐富的生活，就需要更複雜的組合型工作：受薪工作、義務工作、學習或研究，以及不論男女都得做的家庭瑣事，像是煮飯、照料、清潔等。這種不易掌握的工作與生活平衡，事實上混合各種不同類型的工作，其中還穿插休閒及玩樂。

提倡自主性工作

當時大家嘲笑我，企業主管、政治人物、學者都在笑；他們笑我提出「家庭主夫」的觀念，認為這不會是二十世紀末的流行趨勢。柴契爾主義倡導的勇往直前及自立自強，理應創造出一個蓬勃的經濟，讓想工作的人都有工作。好，就算她的方法不可行，社會主義也可以帶我們邁向充分就業的理想國，至少也會讓大家都吃得飽吧。這是一個方法論的爭辯，因為共同的目的都是充分就業，既然目的一致，或許就不值得辯論了。

一位四十八歲的廣告公司客戶主管向我抱怨英雄出少年的廣告業已無容身之地。當我們在寒舍談論之際，來修線路的電工從門外探進頭來，說他有事先走，一星期後會回來。看到我拉下來的臉，他說：「抱歉，但我現在實在忙不過來。」

我告訴這位客戶主管，這就是未來趨勢。像電工這種擁有固定客源、這種高自主性的工作愈來愈多，把好幾年的光陰綁死在一個組織的工作將愈來愈少。

大家和他一樣，對我的預言充耳不聞。二十世紀的就業社會已經成就許多美事：穩定的家庭所得，便利的課稅機制，專業分工各司其職，也因此，人們對自己的職業生涯發展往往心知肚明。就算一生會換一、兩次工作，組織提供的就業機會似乎還是社會的主軸，避免讓社會淪為爭權奪利的戰場，不至於讓自私與邪惡吞噬我們。也因此，對多數人來說，我所預見的世界充滿不安全感、不確定性與恐懼。人們說：「我們不要這樣的世界」，並希望它不會來到。我感同身受，我也不喜歡這種世界，但指望它別來於事無補。

我以哲學大師叔本華（Arthur Schopenhauer）的觀察自我安慰，叔本華認為所有真理都會經過三個階段：人們先是加以嘲弄，再來便是反對，最後才會接受它是不證自明的。

結果，到了二〇〇〇年，英國屬於不定期勞動契約的全職就業人口已下滑到四〇%。〈BBC世界報導〉（BBC World Service）製作節目特輯，探討女性撐起一大片天後，男人的未來在哪裡？充分就業的定義已經重新修訂：請領失業救濟金的人數低於自稱勞動人口總數的五%。其他自稱就業的人，做什麼工作就在所不論。其實，到一九九六年時，英國國內六七%的企業，員工人數只有老闆一人；而在一九九四年時，員工人數不到五人的所謂小型企業，占所有企業的八九%。說白一點，只有一一%的企業，員工人數超過五人。

親自體會跳蚤生活

無論如何，回到一九八一年，當時我認為光只是提出預言而沒能身體力行是不夠的。我應該親身實踐我一直鼓吹的「預言」，離開組織的庇蔭自謀生路，當一隻所謂的跳蚤，脫離大象的世界。大象就是二十世紀雇員社會的基石：大型組織。跳蚤則是獨立工作者，有的擁有自己的小企業，有的是個體戶或與人合夥。

大象與跳蚤是一個奇怪的譬喻，兩面都不討好。我是在一次公開演說時，突然福至心靈發現這個比喻的。那場演說的主題是，大型組織需要惱人的個人或團體帶來創新與點子，才能存活下去。演說結束後，我很驚訝有許多人來找我討論，這些人不是自稱跳蚤，就是數落他們工作的組織步履沉重有如大象。看起來，我用大象與跳蚤作類比似乎很能打動人心，所以我就沿用至今。不過，如同所有類比一樣，不能過頭。類比能引起注意，卻不能解決問題。然而，即使如此，拿大象和跳蚤來廣義的形容社會上一種兩極化現象，倒是挺貼切的。

舉例來說，雖然鎂光燈的焦點都放在大象身上，但其實大多數的工作形態都像是跳蚤，或者是為跳蚤式組織工作。在英國的異國餐廳工作的人，比鋼鐵、煤礦、造船、汽車工業加起來的就業人口還要多。隨著經濟形態由製造業轉為服務業，舊時代的大象已經被跳蚤式組織超越。這是一個新世界。

對我來說，世界也是新的，我用工作保障交換精神自由。

我很幸運，得以在商業巨象殼牌石油（Royal Dutch Shell Group）工作過十年，令我印象深刻的是上班第一天，人事資料中包括一份詳細的公司退休金計畫，好像它們要我在此終老似的。我離開殼牌後，轉進同樣是鐵飯碗的大學任教，當時沒有不續聘這回事，不管你的觀點是多麼激進或是多麼落伍，保證做到退休。離開大學後，我轉到溫莎古堡（Windsor Castle）工作，那裡的一切更是講求永恆與永續。

話說從頭，一九八一年七月那天早上，我躺在床上，瞪著一位十六世紀唱詩班指揮畫在牆壁上的樂譜。我的寢室曾是十三世紀亨利三世官邸或王宮的一部分，這些房間後來成為聖喬治禮拜堂（Chapel of St George）的唱詩班學校。由於過去四年我擔任聖喬治堂（St. George's House）學監，因此我暫時落腳於此。聖喬治堂是溫莎古堡內一個小型的會議及讀經中心，專門討論社會的道德問題，同時也是英國國教高級神職人員的養成中心。我告訴學員，莎士比亞本人曾在本中心的會議廳，在伊麗莎白女王一世面前親自指導《溫莎的風流婦人》（*The Merry Wives of Windsor*）演出。

一天，溫莎古堡的總管交給我一支專用鑰匙，讓我可以進入古堡禁區。總管要求我在一本頗有分量的皮製名冊上簽收，他說：「年分請寫完整，否則搞不清楚是哪個世紀。」聖喬治禮拜堂的牧師會會員一直到最近才獲准擁有終身房舍權以及職務權，這項優遇直到死亡才結束。溫莎古堡歷史悠久，它也打算繼續傳承下去。

不動如山的溫莎古堡不失為是一個研究外界不斷變遷的好地方。不過，在一九八一年時，我也該離開這個溫室出外打拚了，免得我最後老得動不了。我沒有儲蓄，揹著房貸，一個老婆，兩個青春期小孩，工作年資不連續，談不上有什麼退休金。看得出眼前的日子有點黯淡，因為我只會寫書和演講。那天早上，我仔細反省，或許我辭呈遞得太快。就為了實踐我所倡導的原則，倉促離開大象的世界及大軍團，就為了加入孤身作戰的跳蚤群，當一個我所預測會成為未來主流的個體戶。

當時，我的人生歷練並未準備好當個自謀生路的跳蚤。的確，我回首過去，幼年在愛爾蘭鄉間充滿宗教洗禮的成長過程，後來接受英國最優秀（還是最差？）的公立學校教育，接著又受到牛津劍橋傳統的薰陶，加上之後我在一家跨國公司的工作經驗，這些似乎是英國陸軍及公務員的混合歷練模式。我深知這一切都無法幫助我迎向挑戰；即便是我協助建立的那所商學院，現在我都認為，對我們即將面對的人生而言，它也是無濟於事。

怎樣才算進步？

那都是二十年前的事了。這本書某部分是我反思當時世界的改變，以及之後會如何更深化及迅速的改變。的確，變化速度之快令人訝異，在我下筆時仍屬於突破性的見解，到出書時恐怕就成了舊聞。共產主義在一九八一年敗相已露，但當時沒有人能預見柏林圍牆及蘇聯帝國的瓦解。勝利的資本主義也陷入自己的困境中，金錢扮演前所未有的吃重角色，改變許多人生活的優先次序，人們盲目追求物質，將其他事物拋在腦後。

一九八一年，我們在溫莎古堡時，聽都沒聽過網際網路及全球資訊網。其實，就連人稱網際網路之父的英國人提姆．柏納李（Tim Berners Lee），當時也壓根沒想過這件事，遑論十年後讓全球免費使用網路。然而，這兩樣事物改變大象與跳蚤的生活方式，這在二十年前是想都想不到的，而且柏納李說還有更多好戲正要上演。由此看來，我現在要預測二十年後的事未免有點危險，甚至荒謬。不過，回首過往，我想我可以說這些劃時代的事件，正好加速我們在一九八一年提到的事情：未來生活可能的改變。

一九八一年時，美國駐英大使是金曼．布魯斯特（Kingman Brewster），他到最近才卸任耶魯大學校長，我記得當年他在一次演講中提到我們的未來所託何人的問題。他技巧性的凸顯一個根本問題：當人們為社會及個人生活的短期經濟問題忙得焦頭爛額之際，是否注意到成功的意義、後代子孫的未來，以及個人對後世的責任。時代腳步愈來愈快，經濟的掌控力愈來愈大，但上述的根本問題仍需要解答。

我出生在愛爾蘭，當時是神父很多的窮地方，人們悠閒地對話，反正有的是時間。如今它成為歐洲經濟奇蹟之一，人稱凱爾特之虎（Celtic Tiger）。我出生的都柏林現在是個喧囂繁忙的城市，在我看來，它的交通一直處於堵塞狀態，嚴重汙染空氣，人們摩肩擦踵奔波生活，中餐吞個三明治，不再像昔日一般悠閒自在了。往日的移民潮如今回流，發現房價高漲，只得搬到郊區，通勤更使交通問題惡化。人們抱怨道：「我記得的愛爾蘭不是這個樣子，現在連個聊天的時間都沒有，郊區的大肆開發破壞原有的許多綠地，它和其他許多已開發城市沒什麼兩樣。」話是沒錯，不過，大多數人也變得較富有，有更多錢可以花。這樣不好嗎？我不知道。

我想起以前教我經濟學的教授，他是定居在美國的中歐人。他曾說在經濟繁榮的國家工作令人興奮，但他偏好定居在經濟停滯不前的地方。「計程車好叫，餐廳位子好找，戲院較有水準，對話較有深度，有時間好好生活。」怎樣才算進步，一直是個弔詭的問題，而且我不認為有哪一種最新科技能解決這個難題。

怎樣才算進步？這個難題甚至會更加難解。按理說，新科技提高產能，大家的休閒時間應該會增加，然而，大家似乎比以前更忙碌。如今，工作不只要帶來麵包，還要為我們這些工作狂帶來生活的意義。多數的工作做得到這一點嗎？或者成功的資本主義到頭來還是會令人絕望呢？

二十年前這個趨勢就很明顯了，人類的壽命更長、更健康，職業生涯更短。當時沒有人預測到會有五十多歲就做滿兩任退休的美國總統，或是三十多歲的英國保守黨黨魁。一九五六年殼牌石油給我那份退休金計畫時說，根據過去的統計數字，我大概只能享受十八個月的退休俸，就差不多會掛了。說真的，我父親退休後才二十個月就蒙主寵召了。

可是到了一九八一年，從退休到過世的時間已經不是十八個月，而是十八年啊。你總不能十八年都在看電視、搭遊輪、打小白球吧，再說有哪一個國家的退休金是如此優渥呢？我們用「第三齡」（Third Age）來美化這段近黃昏的歲月。

然而，賦予美名不代表你能掌握實質，多出來的這二十年要怎麼過？生活費怎麼籌？

新組織形態終究來臨

還有一個現象，同樣在二十年前就明顯可見，那就是公司整體規模愈大，內部單位就要更精簡。他們說要立足本土，才能擁有全球競爭力。講得很好聽，但要達到這個目標，你就得重新思考大公司的運作方式，中央集權的指揮方式已經行不通了。

早年我在殼牌石油任職時，曾負責婆羅洲沙勞越（Sarawak in Borneo）的殼牌油品行銷工作。那時的沙勞越河川遍布，道路很少。汽油是供船使用，不是給汽車用的。加油站的營運手冊、設計準則、推廣傳單、報告規格等，全部都是在倫敦設計，設計者完全無法想像一個以舟代車的地方，加油站該是什麼樣子。所以我只得自行設計，祈禱沒人會來檢查。這個經驗至少鼓勵我發揮創意解決問題，也讓我很早就了解到從倫敦遙控全世界是行不通的。

此外，在一九八〇年代初，人們就已經知道大公司不可能一手包辦所有事，因為太昂貴、也太複雜。公司總部再度了解到釋出作業控管權的必要，公司稱這些做法為外包、或者縮編，接著便能節省不少成本。但我鼓吹的觀念相當不一樣，我稱之為酢漿草組織（Shamrock Organization）。組織就像三葉瓣構成的酢漿草一樣，葉雖三瓣，仍屬一葉。三葉瓣分別代表核心工作團隊、約聘人員及彈性勞工，我認為這是公司保持必要彈性的一種方式。聖派翠克（St. Patrick）[1]曾以酢漿草來形容三位一體的基督教義。我擔心若是倉促分割企業以節省支出，經理人將會扼殺老字號公司的歸屬感，遲早他們會感到後悔。至今，我仍對此耿耿於懷，放不下心來。

一個無所不能的公司，現在看來似乎只是打腫臉充胖子的想法罷了。合夥與結盟盛行，像是航空公司聯合劃位、車廠聯合採購等；在網際網路與全球資訊網的撐腰下，大公司與對手聯盟，期望壯大聲勢或增加研究預算。有幸能參與這些活動令人振奮，但這樣的新改變只是凸顯老問題的迫切性：你如何管理無法完全掌控的事物？你如何信任陌生人？你如何對約聘單位產生歸屬感？

我相信，電子時代會出現新的大象與跳蚤混合形態，跳蚤更多，大象則更少卻更大，這樣的職場將是怎樣的世界呢？資本主義將何去何從？而當我們看重的是知識與技術的價值，而不再重視可見的土地和資產時，資本主義將如何演變？我們將如何管理富可敵國、不斷擴充的新公司？這些公司又該向誰負責？隨著網際網路帶來的天涯若比鄰現象，我們的社會將如何適應一個虛擬世界呢？稅賦如何徵收？民族國家會延續下去嗎？而像公司一般的群體，也會朝大象與跳蚤這兩極發展嗎？

---

1 編注：聖派翠克（約三八六至四一六年），愛爾蘭人視其為民族的象徵。

如同二十年前的鑑往知來一般，我認為現在也可以管窺二十年後的新資本主義世界。或許即將出現的情況我們不願樂見，但如果我們不先了解未來的發展舞台，奢談去規劃我們及下一代的生活。

我的兒子是演員，他在戲劇學校整整待了三年，只學走台步及擺身段。畢業後他馬上認清現實，雖然他的最愛是傳統舞台劇，但他必須從事電影及電視工作才能糊口。這兩種表演方式所需要的技巧與傳統舞台不同，但戲劇學校從來沒有認真教導過這類表演技巧。當現實已經完全改變，還要學生依照過去或是以往對未來的想像預先做準備，簡直是不切實際到匪夷所思的地步。而且，不論是在戲劇學校或任何地方，根據已經不存在的現實去教育學生，真的是符合道德的做法嗎？這一點實在值得商榷。

我接受的也是老式教育，絕不足以讓我成為一隻跳蚤，我在本書稍後會詳述我的童年養成教育。我相信那時我們絕大多數人並不是真的有其他選擇。不過，至少有些時候我們也得活著像隻跳蚤，就像自主性高的現實生活演員一樣。事實上，當公司的財富來自於員工與員工的腦力時，公司其實可視為一個跳蚤聚落，這種觀念比起將組織看成是由股東持有的人力資源集合體，要來得健康多了。

如何當跳蚤？

這本書有許多我的影子，某種程度上可以說是我的自傳。自傳有時會淪於自戀，最後就是死後留給孫兒緬懷。不過我的人生經驗正可以說明脫離大組織世界、以自主生活的轉變過程，所以我就不藏私了。我認為未來幾年許多人必須面對跳出大象棲息地，自立門戶改當跳蚤的轉變。對有些人來說，這個時機可能來得很快。許多人會選擇終身當一隻跳蚤，鐵飯碗誠可貴，自由獨立價更高。我希望我的跳蚤經驗能提供各位參考，讓您的未來更有趣，生活更有意義。

舉例來說，跳蚤如何共同生活？在組織機構工作時，我每天出門上班，如果不出差，每天晚上下班回家。內人伊莉莎白白天和我各忙各的，孩子、父母及休閒是我們共同的興趣交集。伊莉莎白一直是位獨立的女性，她很訝異我會把寶貴的光陰賣給一個組織。然而，當孩子長大，我又變成個體戶。不必每天通勤上下班時，夫妻倆又該如何安排生活呢？早幾年我研究過企業主管的婚姻形態，倒是能提供一些線索；不過我們也發現，要妥善利用跳蚤的新工作模式，我們必須徹底改變既有的生活方式。

跳蚤是如何學習的？我常說，求學時期令我印象最深刻的，就是世界上所有的問題都已經解答出來了，答案就在老師的腦袋或他的教科書後面，我的任務就是把那些答案轉移到我的腦袋瓜裡。當我進入公司任職時，我也抱著相同的假設：上司或那些顧問，一定有解決辦法。當我發現得靠自己解決問題時，我很震驚，而且許多問題都牽涉到人際關係，這些學校可沒有教。學校在這方面比以前稍有改善，但進步有限，我對於這個教育改革問題有自己的看法。畢業不是學習的結束，我們應該感恩，因為畢業後的學習有趣多了。

我從藝廊、戲院、電影院、音樂廳學到的東西比教科書還多，旅遊能讓人浸淫在其他文化一段時間，也是行萬里路、讀萬卷書的最佳寫照。旅遊讓我們用不同的觀點來看自己的世界，重新檢視周遭太熟悉、以至於視而不見的事物。美國、印度及義大利，三個截然不同的文化授我良多。義大利托斯卡尼（Tuscany）地區的人說：「活著就是要享受午餐」，他們懂得享受人生，也知道努力工作，結合休閒與工作而自成一格；充滿自由氣息的美國教我期待未來、塑造未來；印度喀拉拉邦（Kerala）則證明了只要有妥善的指引，社會主義結合資本主義可以化貧困為富足。

跳蚤的熱情與自我認同

但我學到最重要的教訓是從一些無中生有的人身上了解到天下無難事、只怕有心人的道理，我稱這些人為「新鍊金師」（new alchemist，這個說法取材自我與伊莉莎白在一九九七到一九九九年間創作的一本書）。熱情是推動他們創新產品或追求理想的驅力。他們認真而後知不足，進而追求必要的知識與技能；他們不怕失敗，埋頭苦幹，不談失敗錯誤，只論學習經驗。學習的祕訣就在於那股熱情，聽起來似乎有點怪，但我認為它正是學習成功之鑰，不論階層與年齡一律管用。可惜的是，在大象組織裡不常聽到熱情這個字眼；講究紀律的學校也很少把熱情放在嘴邊。

能自由掌控自己的時間是獨立自主的最大好處。過去我習慣配合組織的要求與同事的需求安排休假；現在不必和別人（當然要和老婆討論）商量，就能自主安排休假，那真是一大樂趣。不過，要妥善安排個人時間，就得訂出輕重緩急，懂得選擇與拒絕。而這也需要你去找出成功的定義，你要先認清自己的價值觀、人生觀與生活的目的。一開始，你只是在兩種抉擇中自我檢視，到最後，卻會像是宗教上的心靈追尋。

在大型組織中生活的一個好處，就是可以先將這種心靈追尋暫時擺一邊，金錢、地位與身分會伴隨職務而來。將時間賣給一家公司，就代表你接受它們對成功的定義，至少在你賣出的那段工作時間裡，你是接受的；對我們大多數的人來說，這段工作時間近年來愈拉愈長。等將來你不在公司任職時，你就會出現自我定位的危機。當我還在溫莎古堡工作時，經常受邀參加許多豪華的社交活動；人在人情在，離開後也沒人來邀約了，對許多人來說，我們夫妻好像不存在似的。

一位朋友問我：「你怎麼稱呼獨立自主後的自己？你總不能一直說自己是『前學監』吧？」

我說：「我就是我，查爾斯．韓第。」

這位女性友人語帶懷疑的說：「夠氣魄。」的確，參加一些會議時，我著實花一些時間調適沒有正式組織頭銜那種赤裸裸的感覺，我著實花了一些時間去調適。內人並不了解我的問題所在，她從來沒有職銜，也不認為有此必要。我常認為女人比男人早熟，不過，或許沒有大象的保護，男人也能很早發現自我。

天生我才必有用，重點是如何人盡其才，換取最佳報酬。錢非萬能，沒錢也萬萬不能。演員具備特殊技能，他們的演藝生涯是一連串的短期演出與「休息」，我的兒子務實的認為休息就是進修與自我發展。我認為對大部分人來說，生活也大致如此。

不過，演員有經紀人來為他們造勢、談合約、打理雜事，讓演員能專心表演，秀出專業。跳蚤也需要經紀人，只不過名稱不一樣罷了，有的叫職業介紹所、管理顧問公司，甚至叫共同商會。我很幸運，有一心要把我捧成名家的出版商，以及兼為人生與事業夥伴的賢內助。事實上，我注意到多數電工、水管工及其他工匠個體戶，他們都有一位合夥人統籌一切行政事務。

這本書會一一探討上述議題。老實說，這本書揉和我的回憶與偏見，不過，我比較喜歡稱之為想法與信念。它們是我的人生體驗，因為我深信真正的學習要透過生活來體現、實踐與驗證。當然，不見得所有的體驗都是正確的，但整合起來，它們成為我的信條，成為我觀察不同世界的方法、我對未來的希望與恐懼，以及我的人生哲學。

無論如何，我心知肚明，以個人人生體驗為素材，免不了會招致「你做起來當然容易啦」、「誰像你一樣是天之驕子啊」、「不是對每個人都行得通啦」等批評。我的一切成就不是信手拈來般的容易，當然，我在起跑點時的確接受菁英教育，最重要的是我娶了一位不同凡響的女性，在我可以選擇安逸工作、提早退休，無聊到因此想早點進棺材時，她堅信我們能夠、也應當掌握自己的生活，她給了我當一隻跳蚤的勇氣。反正，多數人不會羨慕我現在的寫作及演講工作，因為這樣的生活既孤單又恐懼。所以別真的從事我的工作，我只希望這本書能鼓勵各位讀者，在未來那麼不一樣的世界中譜出自己動人的生命樂章。

第二章

陌生童年對一生的影響

photograph © Elizabeth Handy

把未來想成是可以自由揮灑的空白銀幕是一件樂事，然而，如果我們願意回首檢視的話，現實其實如海明威（Ernest Hemingway）所說，一生之計在於幼。以我的經歷進行個案研究的話，首先我必須引用莎翁名劇《暴風雨》的台詞：「過往只是序幕」（the past is prologue）。

我們的鄉間小屋起居室掛著一幅大油畫，訪客無不駐足納悶，為何我穿得像個維多利亞時期的傳教士？但畫中人物不是我，那是我外曾祖父，他是十九世紀末的都柏林副主教。我兒子看著油畫面露不悅，自忖將來會不會長成那樣？我向他保證不會，因為那是我媽那一邊的祖先，不是我爸這邊的先人。當然，他也清楚，內人這邊的親戚面貌俊美，而且都是沉得住氣的英國人，不像我的親戚生性衝動。

這幅油畫一直提醒我，龍生龍、鳳生鳳的遺傳道理，有些事你就是改變不了。我父母親這兩邊的男性祖先以前大都是傳教士，我的姑婆、姨婆全是老師。傳教士及教師，總該在我身上留下一些啟示吧。

一生之計在於幼

除了先天遺傳外，幼年的環境及出生的頭幾年也有影響。我不是一直這麼認為的，至少我曾希望否定我的過去，因為我在年少時曾想逃避自己的教條式環境。如今我較能認清，幼年是很重要的。我們可以與之對抗、奠基於此或單純的接受它，但我們不能忽略它，或假裝人生在幼年之後才開始。不可避免的，過去是現在及未來的一部分。我在人生相當後期才發現，如果我要自由工作，當個跳蚤，我就要對自己誠實，虛偽是徒勞的。要虛偽，可以，但我是誰呢？

當我的工作壓力大到我必須看心理治療師時，他堅持要了解我的過去，才願意開始討論我的問題。我不太高興，我告訴他：「我的幼年和我現在想談的問題無關。」我時間有限，我需要他的專業意見，解答我對人生及新工作的疑惑。我沒有必要將我的過去告訴他，然而最後在他的協助下，我發現幼年期對人生的影響甚巨。

待我娓娓道來。我在愛爾蘭南部基代爾郡（Kildare）的聖馬可牧師宅邸成長，家父是都柏林西邊平原兩個小鄉村教區的牧師。他在我兩歲時赴任，一待就是四十年。牧師宅邸是我幼時唯一接觸的環境，它既是我們的家，又是父親的辦公室，人們都會到這裡見他。不知不覺中，它成為我第一個人生學校。

我學到，當門鈴響起，我們一定要開門，門外也許是哪個急需幫助的人。我也了解到，每個人都有優點也有缺點，而且每個人都值得受到尊重、接受幫助，不應該遭到拒絕或背棄。這些好觀念，我至今仍深信不疑。不過，我的心理治療師告訴我，正因為如此，難怪我無法開除新工作中一些無能的部屬，甚至要他們面對自己的才能不足都辦不到。我所有的直覺都要我傾聽部屬的難處，安慰並鼓勵他們。但是，身為經理人，我不需要安慰他們，我應該要挑戰他們，我要記住組織及客戶的要求，還有員工的需求。時至今日，我仍然很難拒絕他人的要求，甚至會覺得拒絕別人是錯的。我認為，如果有人需要我們，我們有什麼權利拒絕呢？難怪我們現在有一道家規：電話一律由內人接聽。

我的另一項幼年庭訓就是不論有任何困難，一定要說實話。頭上三尺有神明，藏得了一時，騙不了一世，欺騙早晚會有報應。我就有一個痛苦的切身經驗。那時一定有五歲了吧，我們在叔公海邊的牧師宅邸度假，我從廚房拿了塊蛋糕，暗自竊喜的在臥室裡吃了起來。我希望他們會認為是貓偷吃了蛋糕，所以我一問三不知。家母懷疑是我幹的，當面詢問，我只得承認。她訓了我一頓，要我祈禱上帝的寬恕，向嬸婆道歉，回房思過不准吃晚餐。那一夜我哭著入睡，認為我這一生就毀在那麼一塊爛蛋糕上。我還記得，奇怪的是大家不是因為少了塊蛋糕而不悅，而是因為我說謊。這個教訓，從普羅富莫（John Profumo）[2]到柯林頓都還沒學會。我告訴自己，說謊不值得，早晚自食惡果。

至今我仍然不會談判與討價還價，我未申報通關一定會被攔下；前景若是看壞，我就說不出看好的話；我也不會利用人去做沒希望的事。最糟的是，在商

2 譯注：前英國戰爭部長，一九六三年因性醜聞案下台。

場上，我認為別人和我一樣誠實，即使曾多次受騙上當，我仍不改初衷。除非喊冤的罪犯坦承犯罪，否則我相信他們一定是被冤枉的。因此，我不適合當陪審團員，像我這樣尊重事實會相當不利。身為經理人，我相信別人一切的承諾與作為；若有人耍我，我會相當沮喪。當我指控一位房地產開發商背信時，他驚訝的問我：「你不會把我的話當真了吧？」我告訴他我從未懷疑過他，他搖頭嘆息，對我的天真很訝異。

尊重每個人，即使他們再不對；不計代價，就是要講真話；當你發現這些美德竟然對你不利時，真教人情何以堪。我花了好多年才終於正視我幼年的這些問題，並了解到如果我不改，不刻意要改，那我最好換個生存方法、換個環境。所以我選擇當一隻不怎麼需要管人的跳蚤，以及一個可以實話實說的作家。

一生的牽掛

除此之外，幼年時期還有其他有影響力的事物，我若想了解自我，就必須加以檢視。我的雙親認為不論再怎麼艱苦，婚姻是一輩子的事。如今，我能了解為何有人要離婚，甚至後悔結婚。維多利亞時期的婚姻平均只維繫十五年，有此前車之鑑，預期婚姻維繫時間超過前人未免有點不切實際。不幸福的婚姻傷人最深，不如好聚好散。

話雖如此，我卻辦不到。我的父母從未考慮過離婚，我當然也不會。我認為不考慮離婚，會改變一個人的觀點。它意味著當生活改變時，我們不能尋找新夥伴，而是尋求新的合夥關係，我認為這對我的獨立自主有極重要的影響。不過，我注意到父母離異的子女有相當高的比例也會走上離婚一途，或許離婚這條路早就烙印在他們的童年心中。

在牧師宅邸的老家中，我們不會互相擁抱或親吻，也不常哭，必須壓抑情緒。我從未看過雙親彼此擁抱，如果家父沮喪或憤怒時，他會關起書房的門，生悶氣直到自己好過點。我有樣學樣，內人稱這種做法是悶在心裡。我們的想法是，如果把自己的情緒強加在他人身上，但別人並不想接受，這麼做便是自私的。時至今日，我和姊妹們相見時，不但不親吻，甚至不貼臉頰。我必須指出，我很後悔這樣的童年養成教育，也很欣慰並沒有把這些幼時的庭訓傳給子女。

有其父必有其子，今日我的客廳即辦公室也非偶然，我也在家中見客、開會。雖然我不在家裡禱告，至少不是做父親那種禱告，但我和父親一樣在家裡閱讀、寫作。想當年，父親每天早上八點半會帶著家裡養的狗走上兩百公尺，獨自在他的教堂內晨禱，狗等在外面。這是一天開始時，他私人的寧靜時刻，但禱告不是就此結束，接著便是全家禱告，完全依照教儀進行，誰也不准睡懶覺。家禱約在早餐前舉行，每個人跪在椅子邊。父親哇啦哇啦講著，土司烤著，電話響著，狗還來舔我們的臉。在懵懂無知的青春期時，我很怕同學或朋友來家中過夜。我會故意把早餐時間說得晚十五分鐘，這樣他們就不會看到家禱。但我沒想到，這樣的儀式竟反而讓他們發思古之幽情，緬懷過去家人一起禱告的好時光。

對我來說，這個傳統早已過去，但仍藕斷絲連。我每天早上早餐前會先散步，不帶狗，而是和內人伊莉莎白同行。我覺得一日之始不散個步，整天都怪怪的。這是一種漫步冥想，工作前先振作自己；我早上睡超過九點就有罪惡感。我常認為：共創一天，便能廝守一生。

這些傳統是根深柢固遺留在我們身上的，其他的傳統則難免引發反效果，造成特立獨行、故意違反傳統。我家境小康，父親領的是津貼，不是薪水。兩者的差別在於，薪水反映的是根據一個人的技術或才能衡量而得到的價值，津貼則是純粹只夠你執行工作的所得。教區提供我們住宅，但裝潢、照明、暖氣得自己來。家父微薄的津貼只夠付這些雜支及衣食費用，當教士賺不了錢，只能求得基本溫飽而已。說不上來我們有吃過苦，但在成長過程中，我學到錢是很珍貴的，要花在耐久性事物上，而不是花在逞一時物欲的上館子、欣賞戲劇或旅遊上面，特殊的時刻才能有這些特別的享受。

金錢觀的養成

物極必反，幼時的拮据反而讓我渴望揮霍的日子。我仍然喜歡把錢揮霍在醇酒、佳肴、豪華飯店等曇花一現的事物上。我喜歡租賃，不愛買斷，這可以讓我在短期之內有比較多現金得以周轉。幸好，我們家的財務狀況還有內人把持，內人非常反對她父親的揮霍無度。她認為把錢花在只留下記憶的事物上是一種浪費；相反的，她認為應該把錢留著未雨綢繆。我們的生活可說是處於一個不確定的平衡中，我渴望盡情揮霍，她講究精打細算；這完全是我們兩人幼年生活經驗反效果的體現。

或許是幼時缺錢花用，讓我如今渴望揮霍，但也造成我的迷惘與罪惡感。我七、八歲時，開始撿拾（其實是偷啦）家中散落的硬幣，它們大多是母親購物找回的零錢，更慚愧的是我從來訪的奶奶錢包裡摸來的零錢（我確信她一定老得根本沒發現零錢短少）。我沒有花掉這些硬幣，只是把它們收集在臥房的抽屜裡。

或許這是一種輕微的偷竊癖，要不就是純粹愛錢罷了（我後來發現在美國有很多人有這種愛錢癖）。九歲時，我去念寄宿學校，數星期後，我接到母親的家書，信中寫著：「我在你臥房的一個抽屜內發現一堆硬幣，我不知道是怎麼一回事，所以我把它們捐給拯救痲瘋病患組織了。」此後，這件事就從未被提起過。

如今我自忖是否下意識地模仿父親。家父喜歡收集東西，他小心的管理自己與他人的金錢，他恪遵波洛紐斯（Polonius）[3]的忠告：「別欠錢，也別借錢。」一九四六年叔公賣掉靠近倫敦德里（Londonderry）的一座小農場，得到一萬四千英鎊，當時不算是筆小錢。由於叔公未成家，他把這筆錢以我的名義交付信託，信託所得歸他，他死後則歸父親。父親死前兩年，他需要這筆信託基金來買退休用的住宅。父親很驕傲地拿出帳本給我看，上面還是一萬四千英鎊原封不動。我很想告訴他該善用那筆錢，但這好像是說他不夠精明，畢竟家父本身就不

3　譯注：《哈姆雷特》劇中一角。

是位投機客。

我也不會投機。我念商學院，我知道要致富，賺錢的速度要快過花錢的速度。借錢就是在做槓桿，能增加錢滾錢的速度，但我的本性是先攢錢再花錢，而不願先借錢再還錢。就像家父一樣，他把金錢透支視為一種罪惡，只比通姦好一點罷了。所以我悲觀的意識到，我絕不會成為一位成功的企業家或富人。如今我不免納悶，當初我怎麼會認為自己可以從商呢？

多年後我反省，把錢收集在抽屜那件事給了我一個教訓：金錢閒置就是浪費。要不把它捐出去，要不然不知怎麼著，這些錢就會被拿走。美國的一些偉大慈善家如卡內基、洛克斐勒等人學到這個教訓，並回饋貢獻社會。我多麼希望這些私人慈善家未來能夠救贖資本主義一些極端的情形，讓那些累積過多財富的人，能在失去前就把財富布施出去。

難以抹煞的宗教生活

每個星期天，每個主要節日，每個頌歌儀式，我們必定會上教堂。這座教堂在愛爾蘭鄉間算是相當特殊的，內部全是大理石、羅馬式拱門及細緻的馬賽克，幾百年前一群施主被一座義大利教堂所吸引，因此捐款興建這座教堂。我喜歡這幢建築，卻反對它所代表的教義與教條。舉頭三尺有神明的教誨讓我感覺詭異、毛毛的。我現在知道那只是基督教教義的誇大體現，但當時的確讓我不舒服。青少年時，我暗自發誓，等到我自由後，我一定要脫離貧窮，也絕不再上教堂。然而三十年後，我發現自己不但領的是神職人員薪水，還每天上教堂。人生就是會歷史重演，你只能希望它是向上提升。

幼年時上教堂不可抹滅的記憶是它的語言影響力。傑瑞米・帕克斯曼

（Jeremy Paxman）[4]在他迷人的《所謂英國人》（*The English: A Portrait of People*）中，對英國聖公會有一段有趣的描述。一五三六年時，英國各地的修道院都被解散，羅馬天主教會不僅失去政治影響力，同時幾千件歷史文物也遭到集體破壞。中古時期的繪畫、雕刻等文物在歐洲其他各地尚能保存，在英國則全數被毀滅殆盡。取而代之的則是威廉·丁道爾（William Tyndale）[5]及克蘭默主教（Thomas Cranmer）[6]等人倡導的新文學傳統。帕克斯曼認為，一六一一年確定的第一本英文《欽定版聖經》（*The Authorized Version of the Bible*）及一六六二年的《公禱書》（*Book of Common Prayer*），這兩大「語文寶庫」，使得英國人喜歡咬文嚼字。

我也是在這樣的耳濡目染下愛上英文。每個星期天，每次的晨禱，那些抑揚頓挫的優美禱辭如雷貫耳般的潛入我的記憶中。家父的禱辭唸得很優美，雖然當時我口是心非，但我仍難以忘記他主持的主日聚會餘音繞樑的那種感覺。我跟著唸：「願主引領（prevent）我們的一切作為，」心裡卻想著：「哼，宗教就是這一套，要上帝助人清心寡欲。」其實我哪知道，一六六二年那個時代，「prevent」

就是「走在前面」的意思。

多年後，我把寫作的文章拿給母親看，她對我的用字遣詞大肆批評。她說：「我還以為你會從《公禱書》或莎士比亞的作品中找到字句來描述你的想法。」的確，她教誨的不只是文句，還包括文字音韻。從那以後，我一直試著照她說的做。我可以了解英國聖公會想重寫祈禱書及更新聖經的用心，不過我倒是很高興我唸的是舊的版本。它們造就今日的我，一位講究用字遣詞的字匠。有位書評家對我的第一本書發表看法，那是一本教科書，他說內容了無新意，但文筆清新，不落俗套。說得好，我喜歡。

莎翁的作品是另類聖經，年少時我也誤解過莎翁作品，但它們同樣是我生命

4 編注：英國國家廣播公司的新聞主播。

5 編注：一五二五年時將聖經由拉丁文翻譯成英文，並因此入獄而死。

6 編注：亨利八世和愛德華六世時的坎特伯里大主教，是英國宗教改革的重要人物，在一五四九年編有《公禱書》。

中的一部分，也是我文字魔力的泉源，莎翁的作品讓我出口成章。幼年時，我偶爾會和堂姊妹、一群待字閨中的姑姑阿姨、姑婆姨婆共度假日。當時以新教徒中產階級為主的愛爾蘭南部，到處都是兩代的未婚婦女，因為這兩代的適婚男子都死在兩次的世界大戰中。有一次我數過，共有十四位姑婆姨婆沒結過婚。當時電視尚未出現，所以傍晚時我們大聲一起唸莎翁名劇，奧古斯塔姑婆則負責過濾不適當的對白。說不定我現在比當時還更能欣賞莎翁作品，無論如何，文學語言在那時便已在我體內產生共鳴，至今仍迴響不已。

都是三姑六婆！我的成長過程中都被女人圍繞著，兩個妹妹，沒有兄弟，住家附近沒有其他男孩。家父沉默寡言，除了在八月放假時去釣鱒魚以外，他並不愛運動。我從來沒學過駕船、滑雪、踢足球、射擊、打獵或釣魚，而這些事情最好是在小時候或耳濡目染的情況下學習。愛爾蘭南部的馬匹倒是不少，我也曾擁有過一隻名叫「愛」（Mavourneen）的小馬，但我不太會、也不喜歡照顧動物，加上妹妹有一身馬上功夫，對我打擊很大，沒多久我就放棄我的馬術活動。後來，我的高爾夫及網球也學得不好，橄欖球打得更糟，我一直懊悔年幼時沒積極從事體育活動。

重要的是你記得什麼？如何記得？

問題是，父親的罪過及疏忽會禍延下一代，「甚至好幾代」。由於我並未從事這些活動，我的子女自然也沒機會做。我們的幼年期是父母的責任，但父母親很少活得夠久，能了解到自己的一生受到了幼年時期的影響。或許這樣最好，畢竟，你無法預估你為子女塑造的幼年期會對他們產生何種影響。限制子女愈嚴，只會招致他們的叛逆。無論如何，父母親營造的氣氛、他們的價值觀、他們行事的優先順序，這些都是年幼子女所認識的唯一世界。家庭是所有人的第一所學校，在這裡沒有固定課程，沒有品質控管，沒有考試也沒有教師訓練。難怪我看到女兒出生時，第一個反應會是：「我做了什麼？」太遲囉！

直到最近，我才重拾兒時記憶。這些年來，或許我一直嘗試忘記它。當我因撰寫本書而回首從前時，我不禁懷疑兒時情景是否真的發生過。人們總喜歡把當年勇神格化，但正如同擅長魔幻寫實的哥倫比亞小說家馬奎斯（Gabriel Garcia Marquez）在其自傳的序中所言：「人生中發生過的事不重要，重要的是你記得什麼？如何記得？」

不論我幼年的真相如何，我都想擺脫它；我想要富有，不和教會沾上邊。因此，探尋兒時潛藏的根源，不免讓我大吃一驚。一九八一年，ＢＢＣ請我參加一個每週日晚上播出、名為「經驗明燈」（The Light of Experience）的節目。節目邀請特別來賓，直接面對鏡頭暢談個人的刻骨銘心經驗，照讀稿機唸出自己寫的文稿，中間並穿插個人珍藏的照片。特別來賓包括一位因毒品走私曾在泰國服刑的婦女，一位嫁給當事人是殺人犯的辯護律師，其他的人也都有一段改變其一生的特殊遭遇或危機。

我告訴ＢＢＣ，我的經驗與其他特別來賓不同，我的經驗很普通，甚至放諸四海皆有，那就是父親蒙主寵召對我的衝擊。BBC的人說，只要我能說出這段經歷對我的獨特之處，即使這段經驗很普通也無妨。或許是過於輕率，總之，我答應了。我曾在其他地方對父親的死發表過一些感想，也寫過一些文章，但以下是我在BBC節目當時的肺腑之言。

父親話不多，擔任愛爾蘭南部基代爾郡教區牧師，一待就是四十年沒離開。他在七十二歲退休，看得出來，他累了。擔任神職人員的最後十四年，他同時也是那個地區的副主教。父親退休後兩年就過世了。

我在巴黎參加一場商務會議時，接到父親臨終的消息。我搭機趕回都柏林，等我到病榻前，他已不省人事，次日去世。他的葬禮遵循愛爾蘭傳統，安排在死後第二天舉行，那是一個簡單肅穆的家祭，就在他執事許久的鄉下教堂舉行。

我很喜歡父親，但對他失望。他曾拒絕前往繁華的大城市教區任職，安貧樂道，一心不渝的守著那個落後小地方。他的單調生活就是一連串的聚會、主日禮拜，與社區教友聚餐閒話家常。當時，我就下定決心要過一個不一樣的生活。

父親過世時，我在新成立的倫敦商學院擔任教授，整日參加會議、諮詢顧問、午餐、晚宴，收入豐厚。我剛出版一本著作，發表文章等身，我有兩名年幼子女，一幢市區公寓，一座鄉間小屋。我每天忙得不可開交，行事曆上行程排得滿滿的。也算小有成就！

我抱著這種光耀門楣的心理跟著靈車前往父親葬禮的舉行地點。我心想，安靜的葬禮配一位安靜的人。真遺憾，父親一直不太清楚我在做什麼。當我升任教授時，母親的反應竟是問我，那是不是會有多一點時間陪陪孩子了。

突然，我發現似乎有警察護送靈車。當地警察自動自發的清出一條路線，方便眾人陪父親走過這最後的幾英里。愛爾蘭鄉間是以天主教徒為主，這種做法對一位英國國教的教區牧師來說相當難能可貴。不過，要前往小鄉間教堂參加葬禮的車輛大排長龍，眾人很難在車陣中穿梭前進，的確需要警方維護秩序。教堂四周擠滿了人潮、車潮，大家怎麼知道父親過世的消息呢？他前天才去世，訃聞也只在一家報紙上刊登過一次啊。

唱詩班看起來也怪怪的，他們穿著小男孩的主日白色法衣，可是臉孔卻是成熟的。我認得其中一些人，這些唱詩班的大男孩、大女孩，從愛爾蘭四面八方，甚至從英格蘭，放下手邊事務，自動組織起來。原本該待在醫院、還撐著枴杖的大主教，也到現場緬懷父親的畢生奉獻，講述父親一定會永遠活在受他啟示的人們心中。

我站在墳墓邊，四周圍繞著父親福證過、施洗過的人們，幾百位從各地趕來向這位「沉默」的人告別的民眾，當我看到他們含淚告別之際，我不禁轉過頭沉思。

我心想，誰會含淚來參加我的葬禮呢？成功是什麼，誰比較成功呢？

我，還是父親？人生的意義為何？我們存在的目的又是什麼？這些都不算什麼新問題了，我念過哲學，我知道那些理論，但我從未付諸行動實踐理論，沒有認真想過。

我回到英格蘭。那年夏天漫長炎熱，我決定改變人生及優先順序。我想或許我該去念神學院，和父親一樣當教士。如今回想，幸好我接觸的那位主教要我別傻了。他要我入世修行，當個商學教授，比擔任神職人員更能服侍上帝。

他們鼓勵我去應徵溫莎古堡的聖喬治堂學監，這個菁英研討中心是由菲利浦親王（Prince Philip）及當時溫莎的院長羅賓．伍茲（Robin Woods）所創立，供教會及社會各界有力人士聚會研討之用。這個機構提供下列議題的諮詢服務：正義、工作的未來、權利及責任的展望。各行各業的頂尖人士、商會領袖、校長、公務員、政治人物齊聚一堂，自我辯論並與主教及牧師交叉辯論。這裡是忙碌世界中大忙人心靈庇護及反思的場所，地點就在聖喬治禮拜堂後面的庭院中。這裡也是我接下來四年的住所及辦公室。

認清自己

幼年的經驗終究還是影響到我的一生。英國詩人艾略特（T.S. Eliot）曾說：「回到童年，竟是如此陌生。」這正是我的寫照。但我在溫莎古堡的新職務並不輕鬆，我發現過去我長久在權威下工作，但曾有一位上司說我不適合擔任部屬。我的新職務需要強有力的管理，但我也不夠強勢。我既不快樂又神經緊繃，只得去看心理醫生。當時我才明白，我要藉助心理醫生來認清自己的本質。古希臘人的金科玉律就是「認清自己」，它端正的刻在希臘古都德爾菲（Delphi）的阿波羅神殿上。我現在相信唯有先負面表列，才能正面表列，如此才能真正自知。這是需要時間的，不過在我四十五歲左右，我已經淘汰幾個不適合我的角色及職業，所以我已近乎自知了。

然而，真知我者，內人伊莉莎白也，我待在溫莎四年後，她對我說：「你該離開組織機構了。」

我反問：「那我要幹嘛？我們如何賺錢過日子？」

「你不是喜歡寫作嗎？你的處女作似乎頗受好評，何不就當個作家呢？」

我抱怨道：「寫書賺不了大錢的。」

「你幹嘛一心想著要富有？我們的生活過得去，我也有工作，必要的話，你也可以兼差教教書啊。」

「太冒險了。」

「人生正是如此，我可不想和一個精疲力竭的行屍走肉生活在一起。」

於是開始我如跳蚤般的獨立生活。

後來幾年，我都會隨身攜帶一張小卡片。上面有兩欄數字：未來一年收入與支出的預估。「支出」欄在年初時總是顯得比較大，不過「收入」欄在年尾通常都會趕上。按理說我會擔心才是，但我沒有。我不必再看人臉色真是輕鬆，我第一次主宰自己的生活，不必虛張聲勢。我終於認清自己，活出真我。

有的人比我早達到這個境界，有的人從未達到，或許他們不想。

自由最可貴

當然，當我離開組織世界時，我也失去一些東西。我失去了依附強勢的安逸，即使你病了，不在了，地球照樣運轉。個人獨立後，一切成敗就完全操之在己；你得持續不斷打起精神、鬆懈不得。可是，偶爾停下腳步休息，讓別人去操心也是不錯。我很懷念那些基礎後勤單位，殼牌石油的支援單位就相當龐大，我的納稅申報書甚至都有人代為填寫。溫莎古堡的後勤支援就少得多了，不過還是有會計、檔案員，還有一位祕書幫我料理瑣事。現在，我得全靠自己了。

我最懷念的是同事，倒不是我和他們非常契合，也不是特別喜愛所有同事。而是你可以和他們討論問題，關心彼此的工作，大家過一個團體生活；你可以和他們談八卦、腦力激盪、憤世嫉俗一番，他們是人生一段旅程中的夥伴。

人總得有歸屬。自由的另一面就是孤寂，我將在後續其他章節討論我如何處理這樣的兩難。然而，衡量它所帶來的快樂，自由最可貴。

無論如何，我寫這本書的動機，是因為我相信未來的世界將邁向個人化、選擇化與風險化。這樣的世界未必安逸、且風險高，但會有更多塑造人生、活出自我的機會。人類壽命比以前長，現在，我們的人生至少可以經歷三種不一樣的生活方式，而我相信其中有一種應該是跳蚤式的生活。我發現，這也是我的最佳生活方式。

不過，那是後話。首先，我得上學，接受團體組織生活，這是我那個時代的思維。

第三章

學校教育須求新求變

photograph ©Elizabeth Handy

在我離開高中前的最後一天，心裡不禁想著，說求學時代是一生中最快樂時光的人，不是被虐狂就是記憶力很差。然而，我非常希望這句話不是真的，要不然，我的人生豈不是很令人沮喪。

離開高中的時候，我認為這個世界是不公平、嚴苛且令人不悅的。最佳生存之道就是找到法則、放低身段、盡可能符合長官要求。這不是過獨立生活應有的準備工作，但這正是當時我這個大學新鮮人的心態。我正要進入大學，又是一個組織機構，我相信大學文憑是我進入其他組織的跳板，然後我就兢兢業業、循規蹈矩的了此餘生。

這是我當時對一系列既定組織機構的看法，其他不同個性的人或許會有不同的反應。內人十六歲前念過十一所多半未善盡其職的學校。她離校時，認為規則就是要讓人挑戰的，當局對規則的認定往往是錯的，你必須在這個世界中為自己挺身而出，因為沒有人會為你說話。她打從一開始就注定要當個跳蚤。

我離開學校時，篤定的告訴自己將來不會當老師。但冥冥之中，我卻轉回來擔任教職。畢業後十年，我擔任殼牌石油的教育經理，一生中或多或少也和教育沾上邊。我一直認為教育應該和我的教育經驗不一樣，而且應該做得更好，雖然我並不總是很成功。我的教改看法來自我求學時代的切身經驗，即使現在的教育方法和我當年已大不同，但我仍認為當年的經驗很重要，仍有參考的價值。

自尊受損的小學教育

愛爾蘭鄉間並不存在遊戲團體或幼稚園之類的學前教育。我有兩位女家教，先是菲比（Phoebe），然後是瓊安（Joan），還是反過來？我不記得雙親會有錢請家教，我想她們大概是以家教換取膳宿及微薄的零用錢吧，就像現在半工半讀的留學交換生一樣。對於她們，我僅有一些溫馨的模糊記憶，是她們教我讀書、寫字、算術的嗎？我想是吧，因為等我六歲正式上小學時（學校離家有半英里），我的讀寫及算術能力已經不錯了。

我還記得學校教室冷得要命，只有一個煤爐供大家取暖。我的手指因凍瘡（我的子女不知凍瘡為何物）而腫脹、發癢、裂開。學校是如此不舒服，怎能讓人熱愛學習呢？它反倒比較像是個肉身修練之處。我們坐在硬長板椅上練習九九乘法表、背家庭作業指定的詩詞與聖詩、複誦必修的愛爾蘭語。這一切所為何事？我不知道。似乎小孩子就是要做這些事，長大成人前的一種滌罪（purgatory）。這些小玩藝兒都難不倒我，所以我很少被打手心。

在國小時我體認到，怕挨打而學習的效果很少能持久，我就想忘掉那些伴隨不愉快記憶而來的課程。當我們真正想學時，才能學得最好、最多。我認為《哈利波特》（*Harry Potter*）及手機簡訊在鼓勵小孩閱讀上，都要比任何語文課程來得有效。

小學教室令人不愉快，遊樂場就更糟了。到上小學為止，我身邊圍繞的人都是女性；除了母親及家教以外，我還有兩個妹妹。在我成長的那個愛爾蘭鄉下，我一直要到上了小學，才認識到其他男孩。那個小學大約有二十名住校生，因為他們居住的地方沒有小學可念。當然，他們結黨成群，自成一個在地的住宿幫，而我反而成為一個害羞的局外人。他們倒沒有欺負我，只是嘲笑我，我一直沒有學會反擊；相反的，我極力討好大家，希望大家都喜歡我、接納我。我想當時我大概是自貶身價，模仿他們，希望成為他們的一員；而從那時開始，我這一生多數時候不都是在強顏歡笑、渴望被接納嗎？

我現在不免納悶，我是天生如此嗎？還是當年小學生活留下的烙印呢？當年慈祥卻遙不可及的導師克福特先生（Mr. Crawford），是否了解在遊樂場發生的事情對我及其他人的影響，遠超過課堂上所學？對多數人來說，學校是我們除了家庭以外，第一個接觸到的較大社會團體，在此你首度感受到正式的權威、正式及非正式的階級、同儕團體及小圈圈；首度和我們不相干、不認識、討厭我們的人打交道。小學生活應該盡可能成為一個正面的經驗。當然，我們應該儘早學會閱讀、寫作及計算，因為這是日後人生的入門技能。然而若只學會這些基本技能，卻無法適應這些技能背後的組織體制，也是枉然。特別是將來要當跳蚤的人，一定要在小學畢業時保有完整的自尊，我就沒有。

要應付挑戰，而不只是忍受挑戰

九歲時，雖然我要遠離家鄉，去念另一間中世紀體制的預科高小，住校，而且假日才能回家，但我並不會為了離開原來就讀的小學而悲傷。我還記得當校長夫人催促我上樓時，看著父母親離開的背影，我真不禁強忍住眼眶裡打轉的淚水，我想別人一定也和我差不多。然而，一開始雖然會覺得陌生與孤單，情況卻要比以前好得多了。至少這裡有其他和我一樣的人，而且在一個較大的團體中，還可以有自己的小圈圈。

話雖如此，教職員休息室似乎是適應不良學生的避難所。這是少數幾所清教徒高小，專為人數銳減的盎格魯—愛爾蘭紳士階級所設。當時正是戰爭時期，雖然愛爾蘭名義上保持中立，但多數身強體建的盎格魯—愛爾蘭人仍投效英軍，僅剩老弱婦孺在家鄉。當校長決定教訓我們全體時，我真不幸是最高兩個年級的成員之一，每個人光著背挨六下棍子，原因是低年級的一個男孩偷了根巧克力棒。校長說處罰我們高年級，是因為我們沒有做好榜樣。日後我出社會，想想他說得有道理；組織的高層人士確實塑造組織的文化，上樑不正下樑歪嘛。可是，我當時真的認為很不公平。

體罰在那裡是家常便飯，每天早上，大家光著身子、打著哆嗦，在校長的橫眉怒眼下洗冷水澡。這樣的用意是要鍛鍊我們，但我現在不免懷疑另有動機。無疑的，那所學校現在早已關閉了，但老實說，我不認為它對我們有太多的影響。當時我們認為反正外面的世界就是這麼奇怪，校長所做的一切無非是警告我們外面社會的專斷獨行。從某個角度來說，這麼講或許也對。但我抱怨的是學校並未協助我們應付社會的挑戰，只是去忍受挑戰。閉上嘴、少惹事，是我離開學校時學到的教訓。

接著發生一些事情，從此影響我的一生與職業。有個朋友，也叫查爾斯，正準備參加溫徹斯特中學（Winchester College）的獎學金考試。學科測驗包括希臘文，但學校只有拉丁文課程，因此便特別為他安排了一位家教，是一位來自都柏林的古怪老教士。查爾斯問我是否願意陪他一起上希臘文的課程，我當時只有十二歲，心裡只想為朋友兩肋插刀，所以沒想太多就答應了。我很喜歡這些課程，怪老子把古希臘文當一般外語教我們，他鼓勵我們大聲唸出來，用希臘人的思維去思考，並且不斷灌輸我們希臘文明的神話與歷史。你喜歡的東西通常做得就比較好，輪到我參加獎學金考試時，很自然的，我選拉丁文及希臘文當測驗學科，結果一試過關。

最後我陰錯陽差的走上古典文學這個學術領域。在英國的教育體制下，學生主修他們最拿手的兩三科，我一直到大學畢業，都被限定在古典文學的範疇。因此，我從未上過一堂理工課程；由於衝堂的緣故，我也無法去上自己喜歡的數學課，同時在十五歲時，就得放棄其他外語的學習機會。我常納悶，如果朋友沒邀請我一起去念希臘文，我這一生又會如何？

專業的刺蝟與有彈性的狐狸並重

日後我發現，我被訓練成一隻刺蝟，但其實我是隻狐狸。還記得牛津爵士（Lord Oxford）告訴以撒・柏林（Isaiah Berlin）[7]那段出自希臘詩人亞奇洛卡斯（Archilochus）的名言嗎：「亞奇洛卡斯說：『狐狸知道很多事情，但刺蝟只曉得一件大事。』」英國人堅持要培養一群刺蝟，但現實世界需要狐狸及刺蝟兩者，以兼顧彈性與專業。

現在我才不會要任何人在十五歲就決定自己的未來，更別提像我一樣十二歲就定終身了。人生長得很，我們應該盡可能讓自己有隨時選擇的機會。只看一門學科的外在表現，不重視未來學習潛力的教育體制是不合理的。這是強迫學生在青少年時，就自己剛好喜歡的學科來決定他們的未來發展，而這個決定通常會受

7 譯注：英國哲學家。

到師長或學校課程安排的影響。

傳統的英國教育體制若想培養出更多狐狸的話，勢必得進行大幅改革。大學招生委員會有必要發展出更好的學生潛力評量方法；大學課程應該加以延伸，涵蓋中學最後幾年學習的專業課程；大學老師必須教授較以往更初級的課程。當然，有改革就一定有抵制。然而，每一個歐陸國家及美國，它們的教育制度都較為開放及廣泛，蘇格蘭亦是如此。英格蘭也必須這麼做，否則會限制青少年的潛能發展。我很納悶，時至今日，大約只有三分之一的學子會進大學，那麼，為什麼大學反而主導小學及中學的課程？這也難怪我和內人曾寫書探討過的「現代鍊金師」，會選擇盡早逃離英國的教育體制。英國的教育制度容許自由發揮的空間太小，重熟練而輕潛力。

不該採取固定學齡制

唸預科高小時，我無意間發現一些別的事。我生在七月底，學校和現在一樣是按九月開學時學生的年紀來決定年級。七、八月間出生的，不論早讀晚讀，平均都比同學大或小半年。他們自己，通常是父母，可以選擇早讀或晚讀。在青少年時期，差這半年就差很多。現在回想起來，我算是幸運的，求學期間我都比別人晚參加入學考試，等於多一年的時間念書，難怪我考得很好。但我同時發現，小學最後一年，我比別人年紀都大一點，因此我被指派擔任班長六個月。

班長最多是個虛位角色，我的責任是在休息時間維持秩序，訂定一般行為準則。我並不具有實權來執行職責，師長認為這是一個以德服人的工作，但我自認在這方面頗為欠缺。我認為我並不稱職，但我也驚訝的發現到，這個角色讓我成長，培養出說服他人接受你觀念的能力。當我漸漸有自信時，我很訝異的發現，我不必提高聲音，就可以讓房間內的六十名男孩停止說話。這個訓練讓我大大增加自信，全是因為我晚讀而多留校一年的緣故。

因此我不禁納悶，為何有那麼多人希望他們的小孩越級就讀呢？我比同班同學大一點並不覺得羞恥；事實上，我看也沒人注意到這件事。晚讀讓我更成熟、更多時間念書。我念大學時，比一些人年紀都大一歲；但是有許多同學都已經服過兵役，至少比我還大一歲，有的還大得更多呢；我認為他們在大學的收穫一定比我多。內人伊莉莎白四十多歲才進大學，小女三十三歲才大學畢業。如同今天許多成熟的學生一樣，她們準備好要念書才去念書，而不是被迫參加這個社會設定好的障礙賽。

總的來說，我抨擊這種固定學齡制。現在的英國政府喜歡搞排名表、標準化之類的東西，愛在學生七、十一、十四、十六歲時做測驗，而不管學童（大人也一樣）在不同學科上的學習速度不同這個眾所皆知的事實。在特定年紀進行聯考及能力測試，不可避免會帶來通盤比較。由於我們習慣比上不比下，因此測試結果當然令多數人不滿意。

急什麼急？我們又沒有要求每個英國人到一定年紀就要考取駕照。要真這麼做並公布排名表的話，恐怕排名一半以下的人都會被刷掉。或許這麼一來路況就會改善，但政府實際上等於剝奪許多人的公民權及行動力，這也正是我認為學校按學齡測試可能產生的風險。

很奇怪，音樂這一科就不會按年齡測試。老師認為學生準備好了才會進行音樂考試，和年齡無關。因此，音樂考試往往變成同樂會，成績也都是皆大歡喜。

製造學生的工廠

我唸的英國傳統公立學校，對我來說是另一種痛苦。我感覺教育已經變成像蛇梯棋（snakes and ladders）一樣令人痛苦的遊戲，一旦你爬到梯頂，又得繼續爬下一個階梯。我還記得那時心想，人生若此，不要也罷。我的新學校是一所古老的私立中學，沿襲公立學校的壞傳統。學校最低的兩個年級的學生被稱為

「雜役」（douls），這是一個希臘字，意思是奴隸，我清楚得很。高年級的級長（prefect）[8]有自己的僕役可供使喚，級長要是哪天心血來潮，在穿堂上大叫「雜役過來」時，我們這些倒楣的人就得丟下手邊的工作向他報到，最晚到的人就要聽級長使喚，要你做什麼就只得做，通常都是些微不足道的跑腿雜事。

這間學校有一堆繁文縟節，許多規定可以追溯到上一個世紀，毫無道理可言。入學的頭幾個禮拜，我們就得熟記這些規定。一旦違規，輕則罰寫一百多行的校規，重則遭到好幾位級長輪流用棍棒打下半身。這種體罰，傷人自尊比傷身來得重，我在那裡見識到濫權的可怕。然而，也有對這種不當體罰嗤之以鼻的有為青年，他們協助管理學院，把各學院整頓得有條有理，他們也樂於幫助學弟。

要我們這四百位青少年幾個月之內都文文靜靜、服服貼貼，老實說根本不可能。我幼年時被女性圍繞著，現在周遭全是好動的男生。當時還沒有電視，也沒有收音機可聽、報紙可看，完全靠自己打發時間。我們一群人決定寫日記一個學期，前幾天，我碰巧找到當時的日記，發現自己的生活是多麼的瑣碎，成天就是跟一群哥兒們混進混出。在嚴格的校規下，少年維特的煩惱並未稍減。性是大不諱，不管是和同性或異性，只要和性沾上邊，立刻開除。我們只准和自己同一個年級的學生私下交談，只為防範未然。說出來你一定不相信，為了怕我們自慰，褲子口袋竟然被縫死，直到十六歲升上高年級才能拆線；難怪當時我覺得備受壓迫與困惑。

這已經是五十年前的事了，母校也早已人事全非，在時代潮流的驅使下，現在的它已經是男女合校。不過，賦予高年級學生有限度的責任倒是件值得鼓勵的事，但先決條件是要有相對制衡的機制，避免濫權。它可以讓年輕人體驗對他人的責任感，而不是一味追求個人成就，自私自利。我認為就這一項良好傳統來說，私校不應該隨公立學校起舞而輕言放棄；當然，公立學校捨棄這項學長管學弟的傳統，可能是出於我所體驗到的濫權弊病，但我仍認為這是因噎廢食。

8 編注：英國私立學校（尤其是寄宿學校）中受到指派負責輔導、監督低年級生的高年級學生；類似舍監的角色。《哈利波特》中榮恩．衛斯理的大哥派西就是他們學院的級長之一。

出社會工作後，有一次我奉派研究學校及其他組織的差異，我造訪各級、各種規模的學校。我到學校教職員休息室的第一件事，就是隨口問問在此工作的有多少人。小學通常是十人，較大規模的中學約是七、八十人。

有一次我告訴一位教務長這個數據時，他說：「哦，他們忘了算清潔人員。」我回答說：「不，他們忘了算學生。」

從組織的角度來看，並不將學生視為組織的一員，而比較像是把學生視為產品，精確的說應該是半成品，也因此組織對待學生的方式就常像半成品般。從這個工作站推到下一個工作站，這邊敲敲，那頭打打，最後再檢驗，不合格者退件，但不回收再製，其他人則被評等供日後所需。我念的寄宿學校就是這樣。

良師指點，建立自信

我通曉拉丁文及希臘文，對我的課業有幫助，但對我的人緣則起不了加分作用。體育高手才是萬人迷，可是我的橄欖球跑不了幾碼，板球打得也很爛。不過，幸運之神再度眷顧我。我的級任老師兼學院導師很會教古典文學，也是一位真正的教育家，他認為師者在於開發學生潛能並予以教化，他引領我們接觸音樂、文學、詩詞之美。有一天他走進教室，我們正等著欣賞羅馬詩人維吉爾（Virgil）的作品《伊尼亞斯紀》（*Aeneid*）。

「誰知道今早禮拜堂風琴獨奏的是哪一首曲子嗎？」他問。當然，大家根本沒把他的話聽進去。

他說：「那是巴哈（Bach）最偉大的作品之一，走，別錯過一飽耳福的大好機會。」他把我們帶回他的房子，整個早上演奏巴哈的作品給我們聽，並且介紹巴哈的個人史。後來，老師若不是談巴哈，就是談詩人威爾弗雷德．歐文（Wilfred Owen）[9]或威廉．布雷克（William Blake）[10]。有一次，老師還打開法國

---

9 編注：英國反戰詩人，英國作曲家布列頓曾運用他的九首詩譜成「戰爭安魂曲」。

10 編注：英國詩人，布列頓也曾在「小夜曲」中使用他的詩。

進口的酒桶，請我們品酒。他的課程因這些意想不到的插曲而顯得生動豐富，這些都不是正式課程，但我至今記憶猶新，而維吉爾的詩詞卻早就忘得一乾二淨。

我們稱呼他是「奴隸主」（Slaver），因為他要求我們很嚴格，但我們很敬愛他，因為他信任我們，知道我們有潛力。人生在早年就獲得你所景仰的人的啟發、讚美與信任，是非常重要的，這可以強化你的自信，我的自信就來自「奴隸主」。我至今仍認為這是一個教師給學生最棒的禮物，不論學生的年紀為何。他對我的啟迪之恩終身難忘，不過，後來我到石油公司當主管，我想他一定認為我辜負他的教誨。他實在是一位好得沒話說的老師，他也刻意地改變我的人生，堅持我應該參加牛津大學的獎學金入學考，而不要進位於都柏林（Dublin）的三一學院（Trinity College），家父及祖父都念這所學校。

於是，我參加牛津的入學考，就當它是模擬考吧，或許是天注定，牛津大學奧利爾學院（Oriel College）提供我高額獎學金入學。我心想，一鳥在手，勝過多鳥在林，於是我接受牛津的入學許可。當時我並不曉得，念牛津就等於脫離愛爾蘭的影響，因為牛津即是英國的一種象徵。不過，奴隸主是對的。牛津的學習制度、一對一教學、每週交報告以及自由時間很多，這些都正合我意。我如今發現，當年牛津的大學生能擁有一對一的教學機會，這是何其有幸又何等昂貴的一件事，但我很慶幸自己能躬逢其盛。牛津古典文學的入門課程是語言，接下來就是希臘與羅馬史，以及他們所開啟的哲學傳統。師長鼓勵我探討各種想法與假設，要超脫字面的意義，探究更深一層的認知。我的被動學習已經結束，主動求知才正開始，我終於可以獨立思考判斷了。

我仍然覺得只會英譯希或希譯英沒什麼用處，但隨著時間消逝，我逐漸了解到主修課程其實不是那麼重要，而我也早就忘記自己的主修了。真正重要的是過程，自己要求新求變、解決問題。有一次，我因為忙於社交生活，抄襲一本名不見經傳的希臘史中的一段文章交差。我唸給老師聽時，他並不作評論，我可以感受到那是風雨前的寧靜。老師走向他的書櫃，抽出那本我抄襲的希臘史，從我停頓的地方繼續唸下去。我羞愧得無地自容，其他的就不必多說了。牛津對抄襲別人作品毫無興趣，你一定要經過思索、消化，把別人的看法轉換成你自己的觀念。

牛津的報告是大聲唸出來的，我們那時就是這樣交報告的。雖然我知道聽比唸要費神，但當時我以為要學生唸報告是因為老師懶惰。不過，唸報告確實改變我的寫作風格。我一直不會寫那種學者最擅長的長長括號附加說明，因為不好大聲唸出來。不過，這種訓練倒是滿適合播報新聞的。後來我知道義大利學童的多數學科測試都用口試進行，難怪義大利人口若懸河，喜歡講電話，不喜歡上網。

均衡教育，學習才實在

現在，我認為我們的學校，除了內容課程外，還應該加開程序課程（process curriculum）。二十年前，我協助推動「能力取向的教育」（Education for Capability）的活動，這個活動的公開行動綱領，就是要求一個均衡的教育，當然應該包括知識的分析與取得；但同時，還需要涵蓋創造性技能的鍛鍊，培養完成任務以及應付日常事物的能力，並學會與他人合作。

在推動這項活動時，有一次我對一所著名私立中學的教職員發表演說。演說終了，校長起身發言感謝：「我可以感覺到，你一定不認同我們在課堂上的大部分做法；但你會驚訝的發現，我們的課外活動和你提倡的理念是多麼的契合，不管是在遊戲場、戲劇或音樂課、社團、工藝及社區活動上。」

我答道：「你說的沒錯，但不是所有的學校都有安排這類學習的時間及設備，因為它們的課程早就排滿了。」

如果我是教育主管，我會把一天分成兩半：半天在課堂上學習知識及分析技巧，另外半天就花在可以培養程序技巧及經驗的方案或活動上。我們可能需要不同的老師來教這兩種不同類型的課；不過，程序技巧由社區志工來教會更好，這可以透過學徒制或參與社區計畫方案來實施。

我很幸運，能以優等成績在牛津畢業，我興奮莫名，爸媽也同感欣慰，但除非你再申請學校，否則誰在乎你的成績是哪一等？如果真正重要的是成績過不過而已，那何必斤斤計較分數呢？當我的兒子展開表演生涯時，他給我看他寫的一篇生平簡述，我很喜歡，但是我問他為何沒寫他的學歷及成績，因為他的教育背景及成績都頗值得驕傲。

他相當謙虛的說：「爸，戲劇界沒人在乎你從哪裡畢業、考試得幾分，他們在乎的是你在舞台上的表現。」漂亮，一針見血。

人生學校，另一種學習

但我畢業時，很驚訝的發現，當時英國的大學畢業生相當少。那個時代，同年齡的人只有八%上大學，後來我才發現這個現象的影響。一九八〇年代，當我研究管理教育體制時發現，一九八〇年時年紀超過五十歲的人士，十個有九個在十五歲就離開學校，從此未再接受過正式教育。難怪那時的英國企業缺乏具有願景的領導人，因為那一〇％繼續升學的人，不是執教鞭就是去當公務員，企業界因此缺乏菁英分子。

法國希望它的人民在義務教育後，同年齡的人中，能有七五％繼續進修。英國若想有樣學樣的話，必須讓進修教育的費用更大眾化。兼職學生、空中大學的遠距學習以及夜間部，必須為社會所接受，以便讓人們半工半讀。知名大學將逐漸轉型成研究學院，經費則來自研究補助金或是希望以碩士學位補償學費支出的學生。

對我來說，我認為牛津畢業就算是教育告一段落，接下來就是上所謂的「人生學校」了。我現在很後悔，當年沒去服兩年的兵役。不管怎麼說，那兩年的軍旅生活應該會很有趣，也會教我待人處世的道理，增強我的辦事能力。但由於我是愛爾蘭公民，除非我要留在英國工作，否則他們不能強迫我在英國軍隊服役，所以，決定權操之在我。

當時我對服役一事興趣缺缺，畢竟作戰非兒戲。我的一位朋友才剛在朝鮮半島陣亡，另一位朋友則受重傷，我也不知道他在哪裡作戰或為誰而戰。不過，我想主要還是因為我怕死吧。我怕自己不是名英勇的軍官，那是很丟人現眼的事。不願意當兵也讓我損失不少。我的一位叔公是黑衛士兵團（Black Watch）的退役將官，他視我為懦夫，將我從他的遺囑中除名，而且沒多久他就蒙主寵召了。

對當年未服兵役一事，我一直耿耿於懷，我現在非常贊成多數人在義務教育後，能接受一些社會或社區的義務服務工作。雷利計畫（Operation Raleigh）、志願社區服務（Community Service Volunteer, CSV）、英國其他一些為期較長的志工服務，或是美國的和平工作團（Peace Corps），都是值得參與的組織。不過，志願參加的人，往往都是最不需要這項服務的人。

自創個案研究課程

沒服兵役，我進入皇家荷蘭殼牌石油公司服務，並且立刻接受為期四個月的課程。公司稱之為訓練，而非教育，但和我的經歷也沒什麼不同，只不過我現在是上課領錢，而不是付錢上課。入門課程的教材是一本厚厚的手冊，介紹石油工業及殼牌石油，我幾乎是聽過就忘記了，因為我還有其他想做的事。接下來四星期是在實驗室上課，這對我倒是新的體驗，公司告訴我們如何提煉原油、如何測量它的黏稠度，以及一些深奧的技術性問題。

課程資訊實在太多了，但我又不知道會被派往哪裡工作，做什麼工作，因此我無從判斷哪些資訊將來會有用，甚至是必備知識。字裡行間的資訊只是數據，很快就被遺忘。上課這段期間，公司只要求我們點實驗用的本生燈，或偶爾提個問題罷了。

七年後，風水輪流轉。我被派往東南亞任職六年後調回國，公司不知道該給我什麼職務，便任命我為團隊管理訓練中心的副理，負責安排全球中階經理人的課程。這個職務沒有聽起來那麼重要，只不過是一連串的安排從總部來的部門主管講授自己部門的工作而已。又是一堆消化不完的數據。我認為要讓學員有興趣，就要讓他們實際去解決問題，於是我就從各部門找出實際個案讓學員研究。當時英國還沒有設立商學院，所以我不知道個案研究這門課程是否由我首創。

果然，大家都對這項訓練深感興趣，包括前來聆聽學員總結報告的公司高層。連我也很有興趣，事實上，我更是不可自拔，我發現自己熱中於教導成年人，以現實生活案例作為活教材。因此，當公司認為我該再接受新職務挑戰，任命我負責經營賴比瑞亞（Liberia）分公司時，我認為該是離開的時候了。剛好倫敦商學院需要人來開辦主管進修課程，我已經胸有成竹並樂意赴任，最棒的是他們希望我去麻省理工學院（MIT）待一年，學習美國經理人的教育方式。

有時我半開玩笑的說，我去麻省理工學院史隆管理學院（Sloan School）學到一件事，那就是我根本不必去麻省理工學院，「可是，我得去了，才會發現這件事。」我到美國時，心想美國人一定暗藏什麼管理的學問在圖書館裡，我只要去把它們挖出來，帶回歐洲即可。令我訝異的是那些學問我早就知道了，都是我透過經驗累積學會的，只是我沒幫它們取一些響亮的名字罷了。如同法國喜劇作家莫里哀（Molière）筆下的汝爾丹先生（M. Jourdain）一樣，我已經在運用管理的知識而不自知。當然，有些技術性的技巧或想法是全新的，但多數都是把一般常識提升為學術理論。我並沒有浪費時間，我在麻省對自己充滿自信。我發現，忙碌的經理人要有效充電，課程就必須與他們的經驗相結合。

人性與實際經驗並重的商學課程

麻省進修完，我回到一年前才剛成立的倫敦商學院，負責為期一年的在職經理人全職進修計畫，名稱為史隆計畫，這是我在麻省剛研習完的一項計畫。創辦這項計畫好比是天方夜譚，原因有二：商學院中老師很少；其實根本沒學生，除非我能說服二十家英國企業，同意放手讓他們最優秀的經理人帶職帶薪進修一年，並幫他們全額付費。不過，在我拜訪許多董事會之後，我發現，這些董事會成員所資助過的管理教育課程，最長不過一天，更別提曾親身參與過了。這些經理人絕大多數都認為我是個瘋子。

最後有十八位主管報名參加。由於傳統的商學教授不夠，大部分的課程都是我發揮創意設計出來的。我帶他們去劇院，因為戲如人生，是最好的人生個案研究。討論《李爾王》（*King Lear*）的主題及矛盾情節，收穫並不亞於探討家族企業這個議題，而且當作家庭作業也相當有趣。我有一位當時在倫敦政經學院教書的美國朋友，他負責一系列名為「認識權力與責任」（Readings in Power and Responsibility）的研討會，也是用文學名著及知名戲劇作為討論素材。

我還記得很清楚，開課第一天，那些年輕有為的主管走進教室，發現桌子上擺著兩本書時臉上的表情。一本是管理會計，另一本則是索福克里斯（Sophocles）[11]寫的《安蒂岡妮》（*Antigone*）。我強調，要扮演好經理人的角色，索福克里斯戲劇精髓的價值、信念及情感，和商業數字是同等重要的。唯有透過偉大的文學作品，才能一窺這些商業數字的奧祕。這也是為何幾個世紀後，我們仍然排隊等著欣賞索福克里斯及莎翁的作品。經理人教育如果欠缺這些文學作品的薰陶，就等於一個組織缺乏人性一樣，這些想法我至今仍深信不疑。

就學習教材來說，實際生活案例是最棒的。我和公司主管們一起到共產國家及美國考察當地的組織結構，並加以比較、分析。但我最多也只能做到這樣了，因為我逐漸相信你無法將真實生活搬到課堂上，而只能在現場分析並加以概念化。由於倫敦商學院一開始的師資全都是留美的，因此我們採用美式的全職研究，忽略英式的主科專業教育，諸如醫學、法律及會計。在這些專業課程的課堂上，是與實務密切相關的，並有教授督導。管理也是一門極重實務的課程，為什麼上課方法不如法炮製，與實務結合呢？

我在一九八七年向國家經濟發展局（NEDO）提出建議報告，我認為對於經理人的教育，應該只是兼職教育即可，並且必須再輔以他們在工作場所中的經驗。我相當滿意自己設計撰寫的一套課程，這是開放大學（Open University）商

11 編注：著名希臘悲劇作家。

學院創辦時所用的教材，這套課程強迫學生不論學習哪一件事，都要和工作場所的經驗連結在一起。我認為只有商業「語言」可以用教的，而且最好在進入管理這一行一開始就要學會，像是會計、統計、行銷以及電腦等技巧。全職課程基本上是要訓練分析師或顧問，而不是培養經理人。只不過當時，我早已離開倫敦商學院了。

探索自己的獨一無二

幾年前，我應邀負責北英格蘭教育會議，這是公立教育主管當局最重要的一場會議。我不否認，其實我可以利用這個場合來鼓吹我獨立學習的言論。我的開場白點出許多我和我太太所探討過的一些人士，後來在社會上相當有成就，但在學校時卻都很皮。或許，我們應該別怕讓校園再多一點頑皮分子。結果大概是我用詞不當或聽眾不對盤，他們相當害怕學校會因此產生嚴重的行為脫序現象。我這個主持人的權威也因此大打折扣。

當然，這些教育界人士的考慮也是對的。一些有成就的人在校很頑皮，不見得代表所有頑皮的孩子都會有成就。我當時只是想拋磚引玉，引起討論。其實，我當時應該這麼說，雖然秩序與紀律在團體生活中很重要，但我們也應該鼓勵校園中多一點好奇、創新與實驗，而不必擔心實驗的成敗。我猜他們一定會點頭稱好，然後就忘得一乾二淨。

我至今仍堅信，學校應該是真實生活的一個安全實驗室，學生們在其中發現自己的才華（每個人都有某種才華，只是不見得會在考試中顯現出來），學習對任務及他人負責，學會主動學習的方法，並探索人生與社會的價值及信念。對我來說，這種學校生活比填鴨式教學有趣多了。

我們對未來的主人翁應該保持無限希望。集音樂家、商人、社會企業家於一身的歐內斯特·賀爾爵士（Sir Ernest Hall），他提到大提琴家帕布羅·卡薩爾斯（Pablo Casals）曾這麼說：「我們何不在學校教小朋友認識自我？我們應告訴他們：『你知道你是什麼嗎？你真是太棒了，你是獨一無二的，世界上沒有一個和你一模一樣的小孩，幾百萬年來，沒有出現過一個和你一模一樣的孩子。看看你的身體，真是一個奇蹟啊，你的腳、手臂、可愛的手指頭、你移動身體的樣子。你將來會是莎士比亞、米開朗基羅、貝多芬。你的潛力無窮，你真是太棒了！』」

第二部

資本主義的過去、現在與未來

第四章

舊大象與新大象

photograph © Elizabeth Handy

我受的教育，都是為一個由機構及組織構成的世界所準備，我也加入其中。我早已下定決心不再貧窮，我也看出來，進入一家公司服務至少可讓我衣食無虞。有這種想法的不只我一個人，當時是一個組織人的時代，企業提供人生許多的期待：安全感、升遷、工作的成就感。如果公司能一直持續下去，這種安定的日子也不賴。然而，通訊的進步打破舊世界的藩籬，各種競爭應運而生，公司都將面臨重大改變。

我剛入社會時的那個商業世界如今已不復存在，新組織已有巨幅變化，而且變化幅度還會更大。我在本章中回顧當年的商業界，並前瞻未來去說明大象即將面臨的挑戰。

舊大象的生活

當年我在船艙臥鋪，抬頭看到一位穿著純白旗袍的泰國美女，這一幕我至今想起來仍覺得像是在作夢。那個影像對我說：「我是唐娜（Donna），代表殼牌石油來迎接你。」我心想，如果殼牌派來的代表令人如此陶醉的話，那我在這裡的生活肯定會更好。這是我在一九五六年來到新加坡時的一幕，我搭乘遠洋輪船來殼牌石油新加坡分公司報到，擔任實習行銷主管，當年新加坡分公司下轄馬來亞（Malaya）及英屬婆羅洲。

唐娜只不過是殼牌善待其外派主管的手段之一，她負責帶我熟悉環境，充當我的嚮導及官方友人。其實，我幾乎是立刻被派往吉隆坡，和另外一位單身漢同事住進公司的一間公寓。這對我來說又是一個驚喜，我根本不曾想過馬來亞式的公寓會是什麼樣子，但我萬萬沒想到它坐落在一間非常可愛的殖民時期房子的頂樓，周圍盡是花園，還有園丁及家庭幫傭隨時供人差遣。

完全組織，照顧你一生

我逐漸了解，殼牌石油就是社會學家所說的「完全組織」（total organization），它囊括了你的一生。它甚至很驕傲的派出自己的橄欖球隊，與每年的州際盃冠軍比賽。身為公司中一百五十位新進外派主管及早期的實習主管（這是對菜鳥的美稱）之一，其實根本沒人注意到我。直到有一次，我剛好在當地的足球賽中踢進關鍵的一球；翌日，總經理在辦公室的前廊迎接我：「韓第，真高興你加入我們。」自此，我算是正式報到了。

不過，他們還是不知道要把我放在哪裡。無論如何，我還算是個幸運的人。吉隆坡的那位經理是位打破傳統窠臼的主管，不過我後來覺得他有點不太講理。他認為讓我盡快上手的最好方法，就是跟在他身邊、亦步亦趨的學習兩個月。他說：「坐在角落，有人在時，有耳無嘴，多學著點。公出或商務拜訪時跟我一起去，但保持沉默。就你所見所聞，你一定會有你的想法，我會隨時和你討論。」

剛踏入社會時，有隻老大象庇蔭也挺不錯的，我很快便發現自己繼承一項老傳統。旁人經常提醒我，殼牌石油可是百年老店。新加坡分公司總經理的寓所，只比英國總督府稍微差一點而已（新加坡當時仍是英國殖民地）。我出門不必帶現金，只要簽名，下面註明「殼牌石油」即可。店家不但知道帳單要寄到哪，而且知道一定收得到錢。殼牌也自律甚嚴，它自認要比一般公司來得嚴謹、安定及有效率。一如廣告招牌所寫：「你可以信賴殼牌」（You can be sure of Shell），這廣告詞不僅說給客戶聽，也說給我們員工聽。看起來我不只是位生意人，也是一個偉大組織的代表，當時這種感覺很棒。

但是，並不是一切都那麼確切無疑。有一天晚上，我遇見一位橡膠園的經理，言談間，他透露出不是很滿意本公司唯一的競爭對手，只要我再加油添醋一番，他肯定可以轉為殼牌客戶。我把這件事回報給我的啟蒙長官，但這顯然讓他相當難堪。他說除非對手搶走我們一筆等值的交易，否則我們不能搶生意。他進一步指出，某些地區石油市場的占有率是固定的，這一行的行規就是如此。我原以為這番可疑說詞涉及不法勾當，但石油公司卻認為市占率穩定，有利於長期規畫及降低成本，對大家都好。

一週後，我開始擔心這種所謂降低成本的說法。當時為了怕我太閒，我的經理要我算出下年度公司所有潤滑油品的價格。我自認不能勝任這項工作，經理說：「唉，別擔心，你就去會計部門要各級油品的成本分攤明細，再加上一定的利潤百分比就好了。百分比多少，業務部的人會告訴你。只是算術而已，沒什麼大學問。」他笑了笑。

我有點遲疑，連自己都不相信我將要說的話，我說：「那等於說我們成本愈高，利潤就跟著水漲船高，這不公平。」

「這就是生意，慢慢你就知道。」經理這麼說。

難怪公司對我照顧得這麼周到，並有餘力滿足股東的要求；難怪我們所享有的一切服務，都是由公司員工提供，包括司機、廚子、甚至放電影的。這樣才能維持一定的水準，反正利潤是按成本的一定比例計算，成本灌水愈高，利潤也愈多。

亞當斯密（Adam Smith）曾說，兩、三個生意人湊在一塊兒，肯定是在算計。然而，我就是想不透，為何一般人能這樣自欺欺人，認為只要追求好日子，欺騙社會大眾又何妨；當然，這些人比較喜歡說，他們是為股東追求最大利益。一九五〇年代，馬來亞的日子的確好過，公司利潤也高；直到市場規模擴大，一些不講「行規」的新競爭者加入，整個情勢才改觀。接下來就是業務外包、成本猛砍、利潤率降低等情形應運而生，但那時我已離開當地。

還是要有競爭才好

打從吉隆坡辦公室那個早晨開始，我對所有可能的獨占及寡占企業，都抱著懷疑的態度。當時我認為一家企業不論成本多高，都能隨意按成本加價是相當誘人的生意。在一個真正開放的市場中，你必須把成本壓在競爭市價之下。每個企業主一定都渴望免於競爭、自由定價，但除非是特有產品或極優質的產品，才有這項特權；然而，這也為時不久，一旦有新競爭者加入，又會回歸到市場訂價機制。這個經濟學的道理我可是從生活中學到的。後來，我了解自己的生活體驗，原來是馬克思（Karl Marx）思想的精髓：資本的競爭會導致資本的集中。只不過，當時我沒拜讀過他的大作。從那天早上開始，我便成為公開競爭與公開市場的強烈擁護者。我認為就各個層面來看，這兩者都是公平正義的最佳守護者。

當匈牙利尚在共產黨統治的計畫經濟時期，我就曾經造訪。我不禁自問，以規模經濟能夠降低單位成本來看，一座肥料工廠就夠了，為何在這樣一個小國內要設兩座肥料工廠呢？他們的回答很妙：如果只有一家的話，政府單位就得有人精算理想的營運成本，但這件事還沒有人會做。如果有兩家工廠的話，就可以互相制衡。即使是共產主義，也能看出競爭的妙用。

一些政府往往出於善意，將國營獨占事業民營化，但我常常覺得很可惜，他們沒有多注意匈牙利這個例子。國營獨占事業民營化往往只是獨厚新業主。英國鐵路在一九九〇年代進行民營化，但事實上，只是創造更多的獨占企業，置旅客權益不顧，最後還得主管當局出面善後。只要提得出正當理由，鐵路公司可以自由按成本訂費率，這不是鐵道經營的正確途徑。

獨占事業並非僅限於商業，後來我到大學這類公部門任職時，也發現同樣的狀況。按成本定價的這種做法在大學也相當盛行。公部門組織實質上是獨占組織，除了政府審計人員及主管當局外，沒有人會去查他們的帳；就算去查，也無從驗證財務資訊的完整性。反正政府是金主，何必省錢辦事呢？你愈會省，政府的補助款愈少，組織收入也降低，你看過政府的承辦人員會因為大學校長或醫院院長降低成本而感謝他們嗎？他們只會根據這點降低這些組織的預算罷了。

由於新經濟中，各領域妨礙競爭的進入障礙已被打破，這對消費者來說，真是一個好消息，雖然對公司組織或許就未必。無論是否有政府的協助，競爭終究會滲入公部門。私部門在教育、醫療及地方政府等單位，會逐漸擴大提供付費服務，讓人們得到更好的服務；公部門如果不想只服務貧民，就必須想辦法因應。不管新公司的規模、內容為何，它們都無法像當年我的公司一樣任意定價，也不可能把公司規模經營得很大，過著以前那樣的舒服日子。

穩定的阿波羅組織

說日子好過是因為鐵飯碗給員工一個穩定感，但現在可沒這回事了。那時候，員工甚至可以規劃自己的未來，「長期規畫」這個名詞當年可是流行得很。就好比種田要看天吃飯一樣，雖有壞天氣干擾，但整體而言總是可以規劃下一年。我後來把這種組織取名為阿波羅組織（Apollonian organizations）。

我在探討組織議題的處女作《阿波羅與酒神》（*The Gods of Management*）中提出，阿波羅是大型組織的守護神。他是邏輯、秩序與和諧之神，諷刺的是，他也是牧羊之神。當時我按古希臘眾神的個性，來描述組織的文化及不同的管理風格。我認為這很有趣，至少我的古典文學背景發揮了作用。不過，這個靈感最初來自我的朋友羅傑．哈里森（Roger Harrison），當時我們坐在緬因州的森林內，談論他的組織分類法。

我一輩子都會感謝哈里森，因為希臘眾神的觀念讓我接觸到一門新行業，並提供我一個貼近讀者的組織描述法：組織為何各不相同？如何因時、因地制宜？組織各有不同這是一定的，但當我到麻省理工學院史隆管理學院進修時，我希望能找到一個統一的管理理論，一套決策與組織的法則，以便解釋一切管理行為，讓管理成為一門科學，可以被學習與應用。我注定是要失望的。但我也納悶，如果管理不成為一門科學的話，一個人要如何了解管理呢？

當時我想如果用意義深遠的比喻，或許有助於了解及採取行動。希臘眾神就是我比喻的靈感來源，並且助我寫成《阿波羅與酒神》。我用四種神祇就足以說明我的組織分類：天神宙斯（Zeus）代表的是富有魅力的領導人，太陽神阿波羅（Apollo）代表邏輯與秩序，女戰神雅典娜（Athena）代表團隊工作，酒神戴奧尼索斯（Dionysus）則象徵富創意的個人主義者，每位神祇各有其優點。其實，所有組織都具備這四種神祇的混合特性，重要的是混合的方式。

二十年前很流行阿波羅組織，一連串方塊層層相疊的組織圖就是它的招牌，化約主義則是它的方法論。首先把整個組織的作業細分，按邏輯及層級關係排列這些作業，如果邏輯正確且每個人各司其職、按表操課的話，投入就能有最大效率的產出。說穿了，這純粹是一種官僚體制。

阿波羅組織的擁護者認為，組織理想上應該設計得和火車時刻表一樣，按順序排入既定位置。時刻表的先決條件是火車在既定的軌道及時間內行駛，不鼓勵繞道或走新路。但是總會有突發狀況，此時雅典娜式的專案小組就必須要設計出新路線及新引擎來因應；它們也需要像宙斯一樣的最高領導人；甚至是幾位靈活的戴奧尼索斯，以創新的精神來解決問題。不過，整個組織的力量源自於阿波羅規劃與控制的紀律、規則與體制。

當世界是穩定且可預知時，阿波羅組織運作得很好，而且，工作可以事先規劃、掌控及編制預算。阿波羅組織提供的工作若不是可以持續一輩子，起碼也可以做上好幾十年。透過事先規劃的訓練，個人可以取得經驗，以勝任組織層級內的工作。這些組織裡多數的幹才都是這樣培養出他們的才能，也因此他們往往對公司保持高度忠誠，並以公司為傲。當年我在殼牌任職時，它就是這樣的一個組織。我常把殼牌比喻成英國軍隊，殼牌甚至有自己所謂的「軍團」；當年我是隸屬於東南亞軍團，如果我一直在殼牌待下去，這種地域性的袍澤關係就會跟著我一輩子。

二十年前，日本的組織模式充分代表阿波羅組織原則。日本公司承諾員工終身雇用，但相對的，它們也要求員工服從、尊敬上級，並且接受由公司掌控一切的價值觀。聽起來頗令人羨慕，但如果你的本性不是和阿波羅一樣理性、守秩序，那就不怎麼好玩了。我就不是阿波羅，但殼牌是；在剛報到的幾個月，我便感到格格不入了。

我做事勤快，喜歡了解為什麼。有一次，我自行了解本公司主要產品之一煤油的運送情形，煤油當時在馬來亞是作為照明使用。我研究過，如果我們在馬來亞北部地區設置大型儲油槽，並且以大型油罐火車、而不是用小油罐車透過公路運送的話，公司可以省下一大筆錢。我把我的計畫寫下來，放進一個精緻的資料夾，並寫了一頁的摘要放在計畫書前面，我信心滿滿的走向營業主任辦公室，各位大概知道會如何了吧？沒錯，一副不屑的表情寫在主任臉上。

我說：「長官，我想您會認為這份建議報告相當有意思，這是有關煤油配送的新方法。」

他連翻都沒翻，反倒問我：「你進公司多久了？韓第。」

「六個月，長官。」

「那你想我們公司做這一行有多久了？」

「呃……五十年？」

「精確的說是五十五年。你真的認為進公司才半年的你，比得過一個有五十五年經驗的公司嗎？去做點別的有意義的事吧。」

我照辦了，我開始投入社交生活，工作時保持低調，有新點子也不再告訴長官。我是個困在阿波羅世界中的戴奧尼索斯。我發現自己正在呈現一幅描述殼牌的諷刺漫畫，但這的確是我當初身處基層時對公司的觀點。其實，當年我朋友任職的公司也和殼牌一樣。我們過去常常不免懷疑自由市場的大公司，本身不過是中央集權國家在商業領域中的對照版本罷了。

變動的世界需要有新的組織形態

這都是四十年前的事了，殼牌如今也像其他大象一樣早已改頭換面。要求生存就得求新求變，否則只有被時代淘汰。四十年前的《財星》五百大企業，如今早已物換星移，多數都已不復存在，不是倒閉就是被購併。就像英國的電信集團沃達豐（Vodaphone），它在一九八一年時根本不存在，到了二〇〇一年，竟然躍升為全歐洲最有價值的公司，市值是殼牌的一半。

阿波羅組織很難在一個變動的世界中生存，許多日本企業最近就發現這個道理。倒不是阿波羅組織厭惡變革，而是它們喜歡循序漸進的改革，不能接受激進改革；它們喜歡以過去為基礎，而不是忽略過去。阿波羅要的是計畫及管理變革，這種觀念讓人覺得自相矛盾。它們喜歡用組織內培養的人來經營新企業，這樣才能在變動的過程中維持部分的連貫性。

這絕對是行不通的，井底之蛙如何能想像外面的世界。契訶夫（Chekhov）[12]的《櫻桃園》（*The Cherry Orchard*）寫於一百年前的沙皇時期，但故事的道理卻是亙古不移。《櫻桃園》描寫的是一個家道中落的富有家庭，除了房屋以外，他們的另一項資產就是一大片如今一文不值的櫻桃園。一位商業上的朋友建議，可以把櫻桃園改建為度假木屋區，才不至於把老宅給頂讓出去。這家人根本聽不進去，度假木屋是什麼玩意，完全和家族的傳統不合。最後，這位朋友買下整片莊園，這個家族則被迫遷離世居之地。契訶夫自認這齣戲是喜劇，但更精確的說，這齣戲堪稱為當代處境的悲劇代表作。

在二〇〇〇年我不禁納悶，馬莎百貨（M&S）的主管們究竟看過這齣戲沒有？就在這一年，這家曾是零售業典範的百貨公司似乎已日薄西山，就算是調動高層管理看來也無濟於事，最後只得請一位外來的荷蘭人來領導。但我懷疑它們的零售市場（櫻桃園）最後還是會被外人買走，改成其他事業。阿波羅組織還會發現另一個問題，那就是它無法在自己以外的世界思考與行動。新世界的管理需要有新的神祇組合，當然，阿波羅仍然有存在的價值，只是不像以前那樣是主宰之神了。

今日的組織已大不相同，這樣的局勢已經相當明顯。然而，話雖如此，我年輕時代的殼牌石油仍具有許多吸引人之處。對許多人來說，公司就像一個永久的群體、工作時的家，一旦這樣的公司消失，對他們來說，真是件不幸的事。

今日的大象

四十年來，我發現組織圖從金字塔型轉變為像飛機飛行路線圖一樣，各航點構成一幅運輸網路，合作夥伴的飛航路線則以不同顏色的直線代表。管理語言從

12 編注：俄國戲劇大師。

命令式，改變為契約式與協商式。組織不再被視為是一個以人為零組件的機器，而是由個人組成的社群，每個人都有自己的抱負。在組織中，清楚的標示出每個人的才華，客戶也不再是一個個未知的市場區隔，而是可以具體確認的人們。這種世界不是阿波羅可以掌控的。

如同多數人一樣，我也自己油漆房子（漆過一次）；自己種蔬菜（種過幾年）。當時的我很窮，我必須證明自己可以做這些事，但我做得不好。事實上，我種菜的成本搞不好比當地超市的蔬菜成本高。對我來說，這些都是雜事，不是消遣。後來我終於了解，最好集中全力去做自己最在行的事，並且付錢請別人做他們最拿手的事，即使費用高出一天的所得，只要他們做得比我快又好，我就是賺。

對今日的組織來說，亦復如此。

在我主張酢漿草組織的那個年代（組織成員約三分之一核心幕僚，三分之一約聘人員，三分之一兼職人員及專業顧問），我借用一位成功跨國企業的老闆說過的公式，他是這麼說的：「1/2×2×3＝P，在五年的時間內，只要我一半的核心工作團隊加倍的努力，酬勞也加倍，但產值達到三倍，這就是一個全贏的局面，也是我提升生產力及利潤的祕方。」

「可是離職的那一半卻沒賺到，」我喃喃的說，不過他沒聽到。

這個公式每天都在業界廣為運用。大象們每天不是策略結盟就是併購競爭對手，同時還做到企業瘦身。銀行、石油公司、藥廠、車廠、保險公司都是如此。大象之最的奇異電器（General Elelctric），在傑克．威爾許（Jack Welch）的領軍下，十五年之內吞併一千七百家公司，其中以併購另一隻綜合型大象漢威聯合（Honeywell）的案件最受矚目。不過，威爾許也因為對於購入企業後的瘦身絲毫不手軟，所以被稱為「中子傑克」（Neutron Jack）。

合併後帶來營業額成長，但員工人數則銳減，許多人變成拿約聘人員的待遇。幸運的那些核心工作團隊則發現自己的工作時間增多，但分得的利益也增加，這些利益往往是薪水外再加股票選擇權或紅利。如果這些公司有機會回顧過去五年的話，就算它們以前沒聽過上述那道公式，也沒刻意這麼做，它們都會發現現實情況完全是按這個公式走。

我還記得問過那位提出公式的執行長：「那五年後呢？」

「一樣啊，只不過時間縮短成四年。」他說的對嗎？

不須事必躬親

或許吧。老阿波羅組織終於發現，如果別人可以代勞，做得更好又更便宜，那就不必事必躬親。

我說「終於」，是因為有些老行業早就在奉行「術業有專攻」的教誨了。以建商為例，各種建築工作都包給專業師傅做。出版業則一直是個虛擬行業：除了選擇作者之外，其他都是靠想像力塑造出來，現在的情況也差不多。我有時會半開玩笑的說，我和內人是做跨國企業生意，在十五個國家生產，行銷三十餘國，本企業無其他受薪員工，公司設於東英格蘭的鄉間小屋。當然，沒有出版商及生產夥伴，我和內人也做不下去。我們生產和擁有的只是智慧財產，這些財產就是我和內人共同創作的文字與圖片。

「生產夥伴」（production partners）一詞是耐吉（Nike）對其東南亞低廉代工廠的「美」稱，耐吉可說是大型虛擬公司最知名的例子。美國社會評論家傑瑞米・里夫金（Jeremy Rifkin）表示：「耐吉賣的是觀念。」他要說明的是美國企業外包的現象。耐吉雖然是全球最大運動鞋製造廠，但是它沒有廠房、機器設備或任何值得一提的不動產，它擁有的只不過是一套整合全部作業的資訊系統。

同樣的，康柏（Compaq）也不自行生產電腦，而是由一家名不見經傳，位於加州聖塔安娜（Santa Ana）的 Ingram 公司代工，IBM 及其他大廠一樣可以委託它代工。Ingram 甚至也可以送貨到府、開帳單、提供技術支援，全部都是以康柏的名義進行。康柏的工作是負責設計電腦，建立資訊系統，方便代工廠接單後生產零組件，透過廣告商推銷產品。如同我和內人一樣，康柏抓緊它的智慧財產，但把其他工作交給專業人士。

當然，真正高竿的是讓顧客為你工作，成為你的採購夥伴，免費為你效力。

自助式加油站成為討論議題時，我正在殼牌行銷部門工作。當時大家都認為這太瘋狂了，哪位車主願意下車，吸著油味，拿著髒兮兮的油槍加油呢？恐怕要提供大筆折扣，車主才願意自助加油吧。正好相反，車主迫不及待要取得加油權，也不願意等太久才有人來服務，根本不需要什麼折扣。

從觀念上來說，由加油站到網際網路只是一小步。如今，企業要求客戶網路下單。奇異電器估計，每通電話下單處理成本為五美元，但網路下單每筆處理成本只要二十美分。謝啦，客戶，不過別指望有折扣哦。英國易捷航空（easyJet）倒是有提供網路訂票折扣，然而，它也明說不久之後，不接受非網路訂票，但也沒聽到有人抱怨。

代工的範圍似乎毫無限制，任何新的合作夥伴關係都有可能。顧問公司現在不僅提供顧問諮詢，也提供管理服務。電子數據系統（Electronic Data System, EDS）目前提供客戶電子商務服務，報酬是電子商務收入的一定比例。客戶提供內容，EDS提供科技及管理。大家各司其職，互蒙其利。真的有利可圖嗎？誰負責什麼？一旦有人抱怨，這種鬆散的新型代工組織，最方便大家互踢皮球了。

虛擬分散的組織，互信更重要

分散式組織最容易見到的形式就是連鎖組織，里夫金認為，自從現代公司形態出現以來，連鎖組織是最重要的新式商業組織形態。他指出，目前全美逾三五%的零售業都屬於這種組織。你想得到的行業都可以成為連鎖組織，而且現在也已經如此，像是美髮店、駕駛學校、補習班、體育訓練營，說都說不完。到處都跟著有樣學樣，這個世界似乎愈來愈相像了，我恐怕不怎麼喜歡這種現象。不過，這倒是企業快速成長的一種方式，不需要雇用太多人或投資太多資金。這代表著，每個國家每年都有數千家小企業應運而生。連鎖行業可以作為跳蚤的訓練學校，成為經營企業的第一步。

現在的管理流行虛擬化。把實質資產從資產負債表上移除，放到他人的資產負債表上；相同的，把員工從薪水冊上移除，放到其他公司去；把你的需求放上網路拍賣，尋找最低價格。你將公司打散，只留下設計團隊及一套資訊系統，但是你仍要面對日益增加的新作業活動及合作夥伴的管理問題。多數時候，管理已經變成是各種議題的角力協商。危險的是，急著請專家進來，只會讓組織變得空洞化，空有一堆合約，一個公司名字，毫無自己特性。一無所有的人，通常也是最不在乎的人。太多好主意，做得太過火時，反而變成負債。

當然，在現實情況下，沒有一個組織可以這麼條理分明的自我剖析。不管你喜歡與否，組織就是個人的集合體，個人有自己的名字、需求，甚至合約；這些個人不是「人力資源」，更不是「勞動團隊」。我從東南亞回殼牌的倫敦總部時，我發現我所有的對外通信一律都要冠上部門代號，MKR/34。在那個阿波羅組織的高樓中，誰隸屬MKR/34並不重要，只要那個單位有人就好。我的職稱是用一塊塑膠牌掛在單位名稱下，套句當時的組織術語，我不過是「暫時占有職位的人」（temporary role occupant），而不是一個獨特的個人，存在與否並不重要，這實在令人沮喪。我每天進那棟辦公大樓都提不起勁，心想自己又要當一天的隱形人。

組織愈分散，個人間的互信就愈重要，這也就是所謂的「R」經濟，R代表的是關係（Relationships）。問題是你叫得出幾個人的名字？你又信得過幾個人？或許五十到一百人吧？絕對不可能到一千人。而且如果你只是透過電子郵件或視訊會議和對方打交道的話，你又能認識他們多深？我常很訝異，企業要邀請我去大會或管理高層聚會上演講。為什麼要這麼勞師動眾呢？現在已經是虛擬時代，為什麼不坐在自己辦公室裡輕鬆觀賞視訊會議，或是發電子郵件提問呢？其實，大家是聚會的成分多過於聽我演講，請我去，不過是有個藉口報銷眾人的旅費罷了。

五年前，我參加法蘭克福書展，其實，我不鼓勵作者去那裡，因為那裡展示的別人的書長達二十英里，有哪位作者看了不為之氣短！他們說搞不好這是我最後一次參加這類書展，因為電子通訊如此發達，書籍交易可以在辦公室裡有效完成，書展就顯得多餘了。那次以後，我就沒參加過法蘭克福書展；但我知道書展規模並未變小，反而變得更大、更好。這大概就是所謂見面三分情的道理吧，人總要見面才能建立關係。如果說人類的溝通真的有七〇％是靠四目相接、語氣的抑揚頓挫及肢體語言，而只有三〇％的溝通是靠文字的話，那這種做法可真是明智之舉。

如果今日的組織想要有效率地運作，就必須建立小而精的內部單位，讓每個人都能彼此認識，叫得出名字；各地的重要夥伴也必須經常面對面接觸。對此，我是一點都不訝異。不過，會計人員倒會很納悶，為何公司通訊費用增加的同時，差旅費卻不減反增呢？你必須要親自認識對方，才知道他們值不值得信賴，甚至還得跟他們熟到能夠了解，有時候那奧祕難懂的電子郵件究竟是什麼意思。

講究個人化，不是花招

最近我讀到一段回教蘇菲派（Sufi）的教義，確實讓我悸動與心有戚戚焉：由於你知道一，所以你認為你知道二，因為一加一等於二；但是你還必須去了解「加」的意義。新的分散式組織現在發現「加」這個字，可真是小文字、大道理。

現在的客戶也是有名有姓，有自己的需求及個性。有名字就有財源，現在我們似乎要付錢才能展現個人特性。君不見汽車已為個人量身打造，你可以上網觀看你的車的生產過程。有一次我住進麗思卡爾頓飯店（Ritz Carlton），飯店人員交給我寫有「韓第先生待收」的一份包裹，裡面是我半年前遺忘的洗衣袋。其實這個袋子已相當破舊，我根本用不著，但是，我對飯店的貼心仍感到相當窩心，即使我知道這一切都是電腦系統的運作結果。亞馬遜網路書店（Amazon.com）及其他類似的網路公司都會根據你過去的購物記錄，量身打造你的個人採購建議。

一切都講個人化，可不只是個花招而已，商家如果把每個客戶都視為一個個體，那它們可是挖到一個可開採八十年的金礦。新的行銷口號是終身價值（Life-Time Value, LTV），如果商家能抓住客戶，就能比別人優先賺到錢。認識你的名字只是第一步，銀行早就提供年輕大學畢業生低利貸款，寄望他們來日成為富翁後，還是銀行的忠實客戶。航空公司用累積哩程數來抓住旅客，每個行業無不絞盡腦汁來建立客戶的品牌忠誠度。你常會拿到一些免費贈品，譬如說免費軟體，廠商要的則是你的姓名、地址及職業。廠商有了這些基本資料，就等於有了通往你的終身價值的入口，可以開始與你建立持續的個人關係。

科技為產品與客戶間增加了人性面，但產品人性化的趨勢早就勢不可擋。創新的腳步加快、市場更開放所形成的壓力，以及競爭的白熱化，迫使公司要更精簡、更有彈性。因此，想法與知識就變得更為重要，但這些無形資產存在於人的腦袋裡，而不是來自機器。公司的個人化及個人的獨特化就是知識經濟的產物，這意味著新大象將和我過去所認識的殼牌截然不同，而且更不容易管理。

世界總是長江後浪推前浪。如今雖然我懷舊的想著在殼牌的那些日子，但我還是不適合在殼牌工作，即使它是個友善的地方。日後，我也發現，殼牌的政治味比起學術界可是少多了，而學術界在這方面又比後來我接觸到的宗教界好多了。雖然一開始，我很高興找到殼牌這個鐵飯碗，而且公司也相當有心、設想很周到，但我討厭它們一副自以為對你最好的態度。舊大象屬於過去的年代，但那畢竟是個仁慈、寬厚的年代；我想會有很多人懷念那個年代。

明日的大象

舊大象或許已是昨日黃花，但大型組織仍有存在的需求，而且事實上，就大象的影響力及規模將更龐大。多數人或多或少還是會和大型組織掛上鉤，與之共事或為其效力、與之交易、管理它們或被管理。無可避免的，這些大型組織的未來將影響我們。

然而，未來大象的行事作風與方法將與以往大不相同；除非進行改革，否則這些巨象將面臨險境。它們要認真對待員工，一如股東與債權人；它們要切記市場法則絕不能凌駕公平正義與商業道德。

以下是新大象面臨的四大挑戰：

一、如何成長茁壯，但維持小而精。

二、如何結合創新與效率。

三、如何兼顧業務成長與社會責任。

四、如何獎勵擁有創意的人以及擁有公司的人。

第一項挑戰

二〇〇〇年九月，聯合國祕書長安南（Kofi Annan）在紐約的千禧年高峰會上，對各國領袖發表演說。他的結論是，如果人類在二十世紀確實學到什麼教訓的話，那就是「中央計畫型經濟是不管用的」。沒有人掉頭就走，也沒有人發表評論，這根本就是不證自明的。這個世界學習得較慢，但總在學習，或者它也會學到必須放棄舊教條。組織亦復如此，拋棄舊思維雖然說是一個好的開始，但並未告訴你下一步該怎麼做。

新大象未來幾十年將面臨以下問題，如何管理一連串不同類型與規模的合作夥伴，而且是按照類似飛航營運路線圖、而不是金字塔組織圖的狀況。再想想，每條路線上的客機都由機長獨立駕駛，那管理部門要如何管理這些具有強烈個人風格的員工呢？可想而知，新大象的管理壓力有多大。管理顧問認為，新組織將不只是一個矩陣，而會是一個網絡，一個複雜的網絡。我偏好稱之為聯邦（federation），我認為這是第一項挑戰的解答，一個能伸能縮、可大可小的組織形態。

聯邦主義結合個別社群與群體總合，以便應付今日人們已耳熟能詳的一個地球村、共同市場、生態系統與政治體的現況。我愈來愈深信，如果我們既要認同組織或社群（小），又要挑戰世界（大），那麼聯邦將是不可避免的組織形態。因此，每個人都應該了解聯邦是什麼，以及怎麼運作。我是聯邦主義的忠實支持者，不管是政府、商業組織，或是醫療、教育及志工體系，我都支持建立聯邦制度。

既小且大的聯邦主義

不幸的是，英國很少人真正了解聯邦主義，就算是實行最徹底的美國也沒有掌握精髓，一七八〇年代，美國的《聯邦黨人》（*The Federalist*）就大力鼓吹聯邦主義。不過，隨著國際化腳步的加快，以及維持小而富彈性的組織應變能力需求，聯邦制這個政府制度已逐漸打進商業組織的範疇。基於競爭力的要求，在企業的領軍下，國家或國族都會動起來。有朝一日，大不列顛聯合王國將變成大英聯邦；德國及西班牙已經是聯邦制；義大利及法國遲早也會；歐洲將成為一個邦聯（confederation），這是一種鬆散的聯邦，涵蓋約七十五個生態區，其中有部分仍以聯邦式民族國家的形態聯結在一起。十年之內就會見到這個局面？不見得，但這是大勢所趨。

聯邦主義並非中央集權主義的良方，英國人似乎很怕這點。美國偏愛聯邦制就是因為它痛恨君主制。大英國協的一些新自治領土，像是加拿大及澳洲，也是選擇聯邦制，因為聯邦制刻意設計成沒有一人獨大的結構。

聯邦主義基本上是中央集權與地方分權的集合體，適合中央處理的事務及職能劃歸中央，其餘則下放給地方自理，巧妙之處就在於如何各安其位、皆大歡喜。有趣的是，中央可以隨時打散，讓地方單位執行中央的部分執掌。艾波比集團（ABB）義大利分部的人事主任，便曾經一度負責這個全球大企業的管理發展工作。雖然歐盟不完全是一個聯邦，但個別國家分別負責一些泛歐機構，也算是打散中央。

聯邦主義允許個別單位相互合作，但又不失其個別特性，所謂主權不容侵犯與分割根本是個口號。德克薩斯（Texas）就是德克薩斯，可它還是美國的一州；巴伐利亞（Bavaria）有自己的身分認同及議會，但它仍是德國的一邦，歐洲的一部分。我的出生地愛爾蘭，沒有人因為成為新歐洲的一部分，而馬上忘記自己是愛爾蘭人。因此，聯邦主義相當適於整合各類型、規模及所有權形式的合作夥伴。

不過，聯邦的維繫有賴各成員的互相依賴，團結就是力量，自己來比不過一起來。不同企業的結合是企業集團（conglomerate），並非聯邦，它容易結合也方便打散。國際電話電報（ITT）及漢森（Hanson）等組織，都是一人領導的企業結合體，人一去，樓就空。在美國奇異電器的統治者、同時也是成就非凡的企業收藏家偉大的威爾許卸任之後，奇異電器會不會也出現這種鬆散的跡象，還有待觀察。加州是全球第六大經濟體，自立自強不成問題，但這麼一來，它就得自己張羅國防、外交及其他事務，還是留在美利堅合眾國實際一點。

其實我是有點班門弄斧，有一次我竟然在《哈佛商業評論》（*Harvard Business Review*）中列出聯邦主義的五項傳統原則，並解釋它們在組織上的應用。無論如何，我們要謹記，除非我們尊重這五項原則，否則聯邦主義是無法發揮作用的。

第一項原則就是權利自主（subsidiarity），實際授權的精髓就在於權責相符。如果決策權在其他人，那居上位者或核心人士就絕不要越俎代庖。管理人員，包括我，常違背這個原則，打擊士氣又握權不放。

其他原則還包括雙重隸屬原則，也就是你可以同時隸屬於大小不同的兩個單位，也同樣對它們有歸屬感；分權原則，不會有集行政、立法、司法於一身的情況；另外還有基本法及共同貨幣原則，以維繫聯邦於不墜。

聯邦主義已試行多時，我們了解其運作原理及限制。將聯邦主義試用在企業組織，等於是確認這些組織為社群，過去那些機械式的組織理論已不再適用。我們要領導、影響、說服社群，而非命令社群；社群的居民要求主導自己的未來，希望被信任，也需要成長機會。

聯邦並非只是商業組織的一個模式，在我離開殼牌石油、麻省理工學院，學成回國後，我發現自己身處在一個聯邦式機構中，親身體驗何謂聯邦精神。倫敦大學是由三十多個單位所組成的一個聯邦機構，包括知名的倫敦政經學院（London School of Economics）、帝國學院（Imperial College），以及我任教的倫敦商學院（London Business School）。倫敦商學院擁有相當大的自主權，但為了使用倫敦大學的招牌及學位授與，商學院必須放棄部分自主權。譬如說，如果本院招生標準無法符合全校整體要求時，校方便會出面干預。當時身為研究方案的負責人，我相當厭惡這種行政干預。不過，那時我還不了解聯邦主義，了解後應該都會容忍。

英國國家健保局（Britain's National Health Service）就是一個邁向聯邦制的機構，它結合準自治的醫院基金會（Hospital Trusts）及醫療實務，各方透過共同法則及共同交易媒介進行勞務交換。這個體制之所以運作不好的主要原因是：參與者並不知自己是聯邦成員，大家應根據遊戲規則在一個既定的架構下運作。

全國性的志工團體不可避免會成為聯邦形態。當參與者是希望抒發己見的義工時，你不可能用中央命令的領導方式。一位知名的慈善組織領導人曾說：「地方分會選出代表，再由地方代表選出全國代表，然後領導全國會務，這根本是行不通的。地方人士最了解地方的需求與運作方式，我在中央的工作是協助他們，不是干涉也不是越俎代庖。」這才是精明的聯邦主義者，我們需要更多像她一樣的人。

第二項挑戰

如何結合創新與效率，這第二項挑戰的答案在於經過妥善管理的冒險創新。

我在此也不必多說，值此激盪的時代，創新與冒險犯難是企業求生存的不二法門。歷史學家阿諾德．湯恩比（Arnold Toynbee）研究過二十一個衰敗的文明後，他指出文明衰亡的原因在於「所有權集中」及「無法應變」。我看著那些身軀龐大的集團組織，不禁擔憂起來，心想跳蚤們是否能為大象組織注入彈性與創新，以免它們作繭自縛。

內人是一位人像攝影家，一九九七年，我們決定攜手合作進行一項計畫。她想見見一些饒富創意的人，並為他們拍照；我則想了解企業家創業的動機及背景。我們決定稱他們為「現代鍊金師」，以強調他們是那種可以無中生有、或是點石成金的人。這個名詞沒有「企業家」來得響亮、帶勁，但它抓住這些各行各業狀元的部分精髓。最後這項計畫變成我和內人合著的一本書：《新鍊金師》（*The New Alchemists: How Visionary People Make Something Out of Nothing*）。內人伊莉莎白很有意思，她把一個人的許多面向集合成一幅圖片，因為她認為「每個人都不只有一個面向」。我則在每幅圖片下，註記他們的個人生平及人生目標。

成為鍊金師的三項特質

這二十七位鍊金師，正是刺激大象所必要的跳蚤。許多在大公司任職的人，都是被動做事，來什麼做什麼，不會主動創新，老實說我也是這樣。但我觀察的這些鍊金師並非如此，他們會主動改變時勢，不會被動接受現況。他們之所以主動出擊，是因為他們具備三項特點。

第一是熱情。熱情是每次面談中都會出現的字眼，做什麼事都有熱情，不管是創業、成立劇團或振興衰退的社區，都要有熱情。熱情就是自認為做什麼事都很重要，熱情會帶來第二項特點，那就是跳脫傳統思維，堅持有夢最美。這些人也具有十八世紀英國詩人濟慈（Keats）所說的危機處理能力：「不急著找尋事實與理由，卻仍可以在不確定、神祕與疑惑的狀況下行事的能力。」濟慈認為，這種能力才是創新的關鍵原動力。堅持理想需要的是執著，甚至是自大；鍊金師完全具備這些特性。

有危機處理能力不算什麼，還得加上第三隻眼才行。鍊金師看事情異於常人，我最喜歡舉的例子是泰倫斯．康蘭爵士（Sir Terence Conran），他現在是名設計師及餐飲大亨。康蘭家境原本並不富裕，他年輕時在倫敦身無分文；他和一位朋友決定開個小館子，賣吃的給像他們一樣手頭不寬裕的年輕人。當時是一九五〇年代，那是英國食物人人嫌的時代；康蘭自告奮勇到巴黎一家餐館洗碗，順便學一點餐廳經營之道。他回國後告訴朋友：「我發現一個放諸四海皆準的道理，那就是所有的廚子全是混蛋！」康蘭見人所未見，最後開了一間無廚師餐廳。倫敦第一家湯料理店接著開張，一大鍋好湯隨時等客人享用，總共才兩個人在幹活，一個人負責法國麵包，另一個人負責當時倫敦僅有的第二台義式濃縮咖啡機。

我不免納悶，他們如何發現自己的危機處理能力及自信，來超脫世俗障礙，追求理想呢？雖然從這些人的背景中找不到前人的影響，但我相信遺傳一定有影響力。此外，小時候父母親鼓勵小規模創業也有影響。

但是，最重要的是，在多數的個案中，這些鍊金師都得到啟蒙導師的鼓勵與啟發，就像我中學時那位多才多藝的導師一般。人生啟蒙者可能是老師、第一個老闆、教士或教父母。這位你敬重的人發現你的才華，並鼓勵你往某方面發展。有一位鍊金師迪伊・道森（Dee Dawson）告訴我：「當我拿到甲等成績時，我的生物老師說我的成績是我們那區最高的，這讓我覺得自己夠聰明。」在這個信念的鼓舞下，儘管她已經是三個小孩的媽，她毅然決然在三十歲時申請醫學院，順利入學並畢業，並且創辦英國第一個專門照顧厭食症孩童的居家醫療診所。

最後，我們懷疑鍊金師刻意選擇具有實驗與創新風氣的環境。我們曾經故意集中尋找倫敦地區的個案，因為我們相信倫敦在二十世紀末是個繁忙的城市，是一個充滿創新的地方。在世界上還有其他新意盎然的地方，矽谷、舊金山灣區、歐洲的巴塞隆納、都柏林及澳洲雪梨等都是。我們也發現研究中的一些個案主角，確實是因為創新的考量而搬到倫敦來。

當我聽這些鍊金師娓娓道來時，我納悶他們是如何與大象為伍工作的。我感覺到他們的熱情來自於創意的擁有，不管是心理或法律的層面。他們的自我認同已經和他們的計畫合而為一，這個計畫往往是以他們的名義發起的。大型組織能夠給予個人創意的揮灑空間、產品的個人化風格，以及智慧財產權嗎？它們能容忍尚未成功前屢次失敗所付出的心血嗎？組織能以發掘、鼓勵人才，來取代面談評估嗎？

大型組織的創新

如果阿波羅組織文化盛行的話，這些問題的答案將是「恐怕很困難」。在這種組織文化中，創新與試驗會破壞既有的秩序，是紊亂的來源，是不受歡迎的。然而，聯邦結構允許個別單位進行創新，但不至於影響整體組織，除非創新成功才會有所影響。聯邦組織可以自我學習，安排一系列內部試驗，盡可能培養、發掘新人並鼓勵創新，但又不至於影響到組織主流結構的秩序。

有些企業自行建立研發單位，譬如全錄（Xerox）在加州帕洛奧圖（Palo

Alto）的科學園區就相當有名，但是他們卻忽略自己的最佳創意，像是個人電腦。他人的創意不見得在公司會受歡迎，其他公司則建立內部研發基金，贊助任何值得研究的創意。例如，J. P.摩根（J. P. Morgan）設立電子金融實驗室（LabMorgan），這是一個價值十億美元的電子金融單位，公司內外任何值得研究的創意，它都會出資贊助。他們希望藉此吸引一些明日之星加入，以改變公司穩健保守的形象。

另外一種擴大接觸面的方法，就是企業與大學合作，享受師生們的研究成果。根據我們的研究，一個蓬勃發展的城市，必定結合大學的新研究創意、便利融資、欣欣向榮的藝文團體、啟發性的硬體架構及良好的通訊基礎設施，這些都是創意專區的基礎條件。組織本身無力獨創這些條件，但它們可以協助培養。

一九九八年，新加坡政府邀請我和內人前去，對它們的人力計畫草案提出看法，其中一個問題是如何建立企業家精神的文化。對一個創意專區來說，除了融資及通訊等兩項基礎條件存在外，新加坡的其他創新條件仍付之闕如。在這個四百萬人口的城市國家中，沒有一個專業的藝術團體；雖然第一家藝廊才剛開幕，但大學中並沒有科學研究設備。新加坡是一個忙碌的城市，卻不是一個蓬勃的城市。新加坡政府引介給我們一位真正的企業家，他其實是在加州及都柏林創業的，然後再將企業的一部分帶回新加坡發展。

不過新加坡政府值得稱許，它們已經發現問題所在，並且改變教育體制的優先順序，它們把核心課程刪減三〇%，多出一些時間來做實驗。它們蓋了一間很棒的表演藝術中心，只是還沒有人表演罷了。它們的人力計畫也是往前看二十年，創新是需要時間培養的。

多數國家的一個主要問題就是政府的保守態度，政府是大象中的大象。英國政府有專屬的中央智庫，只是歷任政府給它的名稱不同罷了；但是各部會要是出現創新人物，那可是新鮮事囉。公務員基本上是厭惡風險的，在一個多做多錯、少做少錯的官僚體制下，誰又犯得著主動積極創新呢？與其養一堆人發牢騷，倒不如建立一個內部投資據點，資助部會的實驗計畫，讓蓬勃的朝氣滲透到每個單位，這樣不是更具建設性嗎？內部缺乏創新原動力，往往讓外部有機會發揮創意活力，但若是缺乏管理與執行能力的話，這些創意也只是隔靴搔癢，起不了什麼作用。

組織有時會全部動員起來進行創新，像是早期蘋果電腦在賈伯斯（Steve Jobs）領軍下，在創新方面頗富盛名；他們整個組織儼然像是一群企圖改變世界的跳蚤集合體，集合大約二十多位明日之星。他們的確改變許多事情，如今常見的滑鼠點選就是他們的發明。然而當成功使得他們成為笨重的大象之後，事情便走樣了。比爾蓋茲（Bill Gates）到目前為止在西雅圖還算做得不錯，他讓許多跳蚤變成百萬富翁，也讓微軟這隻富有的大象運作得當。這些跳蚤或鍊金師會說錢不是重點，但他們肯定不願意看著別人坐收他們創新的漁翁之利。

因此，大象索性出錢買下現成的研究結果，留成果不留人。鍊金師則靠出賣智慧財產繼續研發，反正他們的字典裡也沒有退休這兩個字。康蘭爵士目前已年近七十，但他的創意卻更大膽。社會學創意大師麥可・楊（Michael Young），他曾經創立四十九個機構，包括英國開放大學的前身。他目前八十多歲，三年前他才推動一個最具野心的計畫，那就是社會企業家學院（School for Social Entrepreneurs）。

有些人則向好萊塢取經，倒不是去看好萊塢的電影，而是去了解它的組織模式。郝金斯（**John Howkins**）所寫的《創意經濟》（*The Creative Economy*）說得好，好萊塢的靈魂人物是一群幕前與幕後的創意人員，他們多數人向大製片廠請領報酬，但並不受雇於這些組織。今日的製片廠只聘請高層經理人與辦公室職員，其餘工作人員都是個體戶，透過一些個人公司接案作業。

電影業勢必需要持續點石成金，因為它們靠的就是無中生有的創意，再將這些創意拍成電影。好萊塢的製片廠沒有穩定這回事，製作人遍尋拍片題材，拉攏一批跳蚤共同拍片，共組一間臨時性公司，要不就是按時計酬的一批人，時間到就走人，有需要才來人。好萊塢孕育一個創意專區，正如郝金斯所說，好萊塢不僅是全球電影業最大的基地，也是電視製作公司的最大本營，它們共同創造一個講究才華的行業，造就不少明星與律師。

難怪當兩隻日本大象，索尼（Sony）與松下（Matsushita）打入好萊塢，分別買下哥倫比亞與環球影業時，發現電影業幾乎全是跳蚤與鍊金師。娛樂大亨巴瑞．迪勒（Barry Diller）說得好：「公司的所有權不是重點，重要的是個人的活力、個性與企業家精神，其餘的不值一提。」其他大象應該牢記這一點。

第三項挑戰

隨著公司的規模日益擴大，它們也變得更惹人注意，既要追求利潤，又要兼顧社會責任。大象不是光繳稅，其他事情一概推給政府就行的。

由於規模及市場擴及全球，戰力的延伸及分散會導致大公司外強中乾，但對局外人來說，它還是隻巨獸。二〇〇〇年十一月，我的老東家殼牌石油宣布，最近一季的獲利為二十億英鎊；最新近的巨象沃達豐（Vodaphone）在幾天後，也宣布差不多數字的獲利；然而，英國石油（BP）則超越殼牌，當季獲利達二十五億英鎊。一週後，英國財政部長在下議院宣布，英國企業的高獲利是拜英國經濟成長之賜，明年英國政府就可以把二十億英鎊的財政收入回饋給納稅人。

嚴格說來，由於國家不是營利單位，並不需要宣布獲利數字，因此不應該拿數字來比較；不過，從以上的數字來看，不難發現有的大企業確實富可敵國。例如，諾基亞（Nokia）的市值約和芬蘭的國內生產毛額相當。人們不免擔心，這些富可敵國的大公司只對股東或債權人負責，如果它們重利輕別離，留下廢棄廠房設備、環境汙染的爛攤子，受害的還是東道主國家；人們也害怕它們在財務上的影響力，會讓國家不得不聽命於它們，而它們宣稱對環境或社區的關懷，也只不過是表面工夫而已。人們感到世上可能根本沒有人能控制得了這些大象。

其實這只是部分假象，全球頂尖五十大企業占全球經濟的比例一直往下掉，從一九九三到一九九八的五年間，比例由三〇％掉到二八％，預估到二〇二〇年，更將下滑到一五％。其實，多數的跨國企業也並非真的是國際性大公司，充其量只是在海外有合作夥伴或業務往來罷了。或許只有瑞典及瑞士合資的工程界巨人艾波比集團，才算得上是真正的跨國企業，因為它在全球主要國家設有逾一千五百家小公司。即使殼牌石油在本質上都還是一家英國及荷蘭合資的企業，這些大象還是根留祖國，在祖國繳大部分的稅，仍然受制於祖國政府及當地民眾。

但是，我和多數人真正在意的是這些大公司的合縱連橫、鯨吞蠶食，喪失原本公司的特性，讓公司變成只是一堆縮寫罷了，就像艾波比集團一樣。誰還記得這家公司名稱中的ＡＢＢ代表的是瑞典奇異（Asea）、布朗（Brown）、波維里（Boveri）這三個真正意有所指的名字。過去，公司名稱習慣用創辦人或所有人的名字，這代表一些理念，而不是純然追求利潤。當公司名稱只用人名縮寫時，這代表著它們刻意割捨過去，在這樣的過程中，它們失去本身的特性，變得無名無姓，也不再獲得人們的關心。

有些公司，像是ＩＢＭ及奇異電器，把自己重新塑造成一個品牌，但這很花時間。一般大眾很難信任一些自稱為ＡＸＡ、ＲＳＡ、Vivendi或Diageo的組織。正所謂人如其名，名字怪，組織八成也怪。人們心想，這些組織該不會是圖方便，把一些企業結合在一起形成集團，等到蜜月期一過，大家拍拍屁股走人吧？在集團建構及解構的過程中，它們要如何對社會大眾負責？

另外一項讓人煩惱的就是複製文化充斥，連鎖店的出現讓零售業可以迅速成長。弔詭的是連鎖店是為了更接近客戶，而雨後春筍般地興起，但同時也扼殺許多小型有特色組織的生存空間。每個小鎮看起來都像是複製品，毫無地方特色，全球都星巴克化了（Starbucking）。二〇〇〇年的反全球化示威，抗議的是全球化所帶來的文化汙染，以及像是世界貿易企業（World Trade Corporation）及國際貨幣基金（International Monetary Fund）等跨國組織的力量。

不是捐點錢就可以

姑且不論對錯，人們在示威中傳達出來的感受才是重要的。客戶及未來的員工現在更挑了，二〇〇一年，網友們在超過一百個熱門網站上猛烈抨擊一些公司的作為。孟山都（Monsanto）就踢到鐵板，這家公司想把「絕後種子」（suicide seeds）賣給第三世界農夫，這些種子根本無法孕育出下一代作物，迫使農夫得又向孟山都買種子。它們的做法遭到嚴重的撻伐，結果孟山都不敵輿論，賠上一世英名。商譽很重要，品牌是很脆弱的；一九九〇年代，殼牌在北海大肆破壞環境，在奈及利亞踐踏人權，結果都付出慘重代價。誰會料到殼牌在北海及奈及利亞的胡作非為，竟然引來抗議人士對德國境內的殼牌加油站瘋狂掃射呢？

我認識的殼牌及其他公司經理人都是有為有守的人，他們不會刻意去剝削他人或破壞環境，私底下他們都注重環保，也關懷全球窮人。不過，殼牌也曾經自省：「我們的作為連自己都看不下去。」他們了解到不但要努力洗心革面，還要讓世人都看到他們的努力。大公司必須重新界定它們的社會責任，不是捐點錢給窮人就算了事，也不是你賺多少，怎麼用？而是要思索如何經營，如何在不同利益團體間取得一個平衡點。

目前許多知名大公司都有一種趨勢，那就是除了公開財務報表外，還要定期公布公司的社會與環保責任監督報告。在一群年輕主管的督促下，英國石油宣布，英國石油現在代表的「不只是石油」（Beyond Petroleum）。聽起來像是天方夜譚，英國石油目前也並未採取實質行動，但這至少顯示，新工作團隊寄望他們所付出的時間與精力是有意義的，而不是追求股東價值的最大化而已。他們希望自己能為建設一個更美好的地球盡一份心力，公司現在不可能指望做點慈善事業就獲得人們的尊敬。人們要求知道公司的錢是怎麼賺的，賺了多少？公司不可能富可敵國，但又不受任何監督。

最近，英國政府要求退休金信託管理人在財務報表中說明他們的道德價值觀，而且可能不久就會修訂公司法，加列相同的條款。這種規定是提醒企業經營者，他們不是一個賺錢機器而已；公司是社團的一種，它的經營權必須爭取而來，而不是理所當然的。我所認識的公司領導人都歡迎這些法律規定，因為如此一來，他們的競爭對手也必須站在同樣的起跑點上。

不過，要公司盡到社會責任的壓力，主要來自客戶及員工，而非股東。這都要歸功於一些壓力團體，像是綠色和平組織（Greenpeace），以及企業領導人的良知。英國每年有一個「帶女兒上班日」，目的是讓小女孩們了解工作的內容及方式，但教學是相長的。一位聰慧的十四歲女孩在一天的工作後表示，她很訝異父親在辦公室的行事優先順序和在家裡完全判若兩人。父親聽了也頗為吃驚，但他也承認，在辦公室的他和在家裡的他是不一樣的。他笑著說：「說不定我該聘請女兒來監督我做個真實的自我。」其實上班一樣該展現真實的自我，不需要女兒隨時叮嚀才對。

第四項挑戰

推動公司前進的創意、技能及知識等智慧財產，現在已被公認是多數公司的關鍵資產。我們不能指望這些智財權的所有者（也就是個別員工）乖乖交出這些心血結晶來換取雇用合約；他們的智財權必須與公司股東的法定所有權取得一個均衡點。

資產無法量化，一切重新思考

舊世界對財產的定義局限在有形資產，摸得到也可以被衡量。你可以賣、租、用它，如果你是所有權人，你也可以毀掉它。但智慧財產權即使是以專利或版權的形式呈現，你也無法予以摧毀。例如，即使我買下你的創意，我也無法摧毀它，因為它還在你的腦海裡。會計人員就很清楚，智慧財產的價值要怎麼算，公司的預估市值減掉實質財產價值，剩下的就是智慧財產的價值。以差價來定義財產的價值並不理想，它代表這樣東西根本不存在，虛無縹緲如鬼魅一般。就因為它是虛無的，更增加人們對它的迷惘，因為一個看不到、摸不到的東西，你如何證明擁有它呢？如同品管大師愛德華．戴明（W. Edward Deming）所說，企業中九七％的重要事物是無法量化的。

還是有人努力要把無形資產量化。大衛．鮑伊（David Boyle）在《數字統治一切》（*The Tyranny of Numbers*）中列出一些量化的工具，像是GIPS、TOMAS、

EFQM及BREAM；還有一些新的稽核標準，例如SA8000、GRI及AA1000；有些學者甚至想以十一項標準來衡量文化。其實，說不定這一切的努力到頭來只是證明戴明的看法是對的。真正重要的事物是無法量化的，一如《財星》雜誌的湯瑪斯・史都華（Thomas Stewart）所說：「算瓶子要比談論酒容易多了。」智慧財產不僅無形，也很脆弱。奧塞羅（Othello）犯下嚴重錯誤後這麼說：「名譽啊名譽，我已經失去了不朽英名，剩下的只是獸性。」美國聯合碳化物公司（Union Carbide）在印度博帕爾（Bhopal）的毒氣外洩慘案，以及孟山都及殼牌的行徑，不僅造成公司商譽嚴重受損，連帶也拖累股價。

因此，新的大型公司如果要自行培養新鍊金師的話，未來幾年將面臨智慧財產權的各種議題。特別是有創意的原創者將會要求分享成果。他們會說，憑什麼只出錢、不出時間與技能的股東，就要享有全部的利潤？憑什麼勞動契約可以規定工作中產生的事物，一律歸雇主所有？

我可以想像這些新鍊金師會變得和我的作者身分一樣，作品所產生的收入，他們也要求分一份；這可能是股票或股票選擇權的形式，不過會事先談妥。就我來說，我寧願分版稅也不要拿股票，我何必去承擔出版商股價下跌的風險，我對出版公司又沒有絲毫影響力。據了解，目前全美三〇%的股票都被綁在股票選擇權上。這是一種廉價的報酬形式，因為股票選擇權並不被當作企業的成本。無論如何，用這種方式獎勵才華，不但風險高，而且令人質疑其功效。

如同經濟學家約翰·凱伊（John Kay）所說，比爾蓋茲擁有微軟二五%的股份，他的員工則擁有大約一五%。如果微軟股價一年漲幅達一〇%，則這些員工兼股東的股票價值會增加約七十億美元，差不多等於是微軟的一年利潤。如果這個股價增加的價值被當作員工報酬（費用支出）的話，微軟當年就毫無利潤可言。如果回饋員工的獎賞遠超過這些免費的股票選擇權的話，真正出資承擔企業經營風險的股東，肯定要鬧革命。

如果說一個企業這麼多資產都是無形的，而這些無形資產往往在員工的腦袋瓜裡，而且他們又隨時可以走人的話，那所謂股東所有權究竟有何實質意義呢？

當上奇廣告（Saatchi & Saatchi）董事會免除莫里斯・賽奇（Maurice Saatchi）的職務時，他平和的離去，但帶走了英航（British Airways）及瑪斯（Mars）兩大客戶，以及一些核心幹部。上奇廣告的股價立刻跌了一半，股東此時才發現原來他們只擁有一半的公司。股東所有權的定義本來就一直模糊不清。如果我擁有殼牌石油一張股票，並不代表我可以使用它的辦公室，也不能要求它借錢給我應急。我更不可能擁有它的員工，員工不是任何人的奴隸，他們的權利是由勞動法及勞動契約所界定。

我猜想早晚我們得拋棄股東所有權的迷思。股東會變得比較像是貸款債權人，有權收放款利息，只不過利息多寡得視利潤高低而定；除非公司拖欠債務，否則股東無權賣掉或關閉公司。股東貢獻資金，其他人貢獻時間、技能、創意及經驗，這些人也有權領取固定報酬。大家各司其職，誰也不擁有任何東西。將來，集合一群人把創意變成產品，以為這就是一項可以被擁有的財產，這種想法似乎太荒謬了。

一如以往，實質產能才是經濟成長的原動力。全球各地已經有充沛的資金，美國的公司在一九九九年就獲得五百億美元的創投資金挹注，是一九九〇年的二十五倍。股票上市發行的公司籌募到七百億美元的資金，是一九九〇年的十五倍。一九九〇年代，美國股市蓬勃發展的原因之一就是這一大筆金錢在尋找投資管道。就算全球股市下挫，這筆錢並不會消失。既然不愁沒資金，股東就不會有太大的權力。現在市場上缺的是創意，不是資金。

在此同時，愈來愈多的人認知到他們的知識具有市場價值，他們將不願意按固定時間出售知識，來換取工資或薪水；他們想收使用費或權利金，也就是利潤的一部分。薪水和使用費的差異在於，薪水是按時計酬，使用費則是按最終成果計費，不管你花費多長的時間。

員工領的是工資或薪水，個體戶則是收使用費。個體戶賣的是他們的技術成果，而非技術本身。員工賣時間而不是賣成果，基本上就等於是賣技術，把工作時間轉換為能夠獲利的經營活動。我深信會有愈來愈多的個體戶向組織收使用費，以便保留他們對知識的主控權。難以掌握的智慧財產權將屬於跳蚤，然後租借給大象使用以換取使用費。

公司是許多個體戶的組合

巴西的一家新企業賽氏企業（Semco），它的老闆雷卡多・賽姆勒（Ricardo Semler）讓員工自由選擇十一種給薪方式，包括固定薪、各種權利金方案、佣金、股票選擇權及目標紅利等，這些都可以互相組合，形成無數的選擇。雖然賽氏企業雇用兩千三百五十位員工，但其實它是一個鬆散的跳蚤聯盟，中央單位可說只是創投家、一隻母雞、一個提供諮詢的地方的組合而已。賽氏企業對員工的信任程度已經到了極端，但這是一個未來的趨勢，公司要把員工視為單獨個體，按個人特質計酬，而不是一視同仁地對待。

未來的情況將會是一群個體戶的結合。約翰・伯特（John Birt）[13]當年加盟BBC時，他的合約是以個人工作室的名義和BBC簽的，而不是領固定薪資的員工。伯特的確走在時代尖端，當時BBC及外界都很害怕這種敘薪方式。不過十年內，只要自認有市場價值的人，都會用這種方式與人協商工作合約。合約將會以個人工作室的形態簽訂，當然他們會有經紀人或律師。目前演員及作者的標準工作合約模式，將會普及到其他行業；這對公司來說或許是一個惡夢，對律師來說，卻是一個金礦。在一個跳蚤擁有專才的世界中，大象非得調整自己的心態，才能抓得住人才。賽姆勒誇稱，過去六年，他公司的人員流動率不到一%。

組織像是一群跳蚤組成的聯邦嗎？有人認為我們都想過這種生活，獨立卻又隸屬於規模較大的組織。倫敦商學院一位教授尼格爾・尼可森（Nigel Nicholson）寫了一本書《誰怕管理：克服管理的七大陷阱》（*Managing the Human Animal*），他指出打從史前時代開始，人類的潛意識裡就嚮往某些固定的行為模式。他的說法是：「你可以把那位經理人抽離石器時代，但你不可能把石器時代的思維從那

13 編注：BBC前任總監。

位經理人身上抽離出來。」這種新達爾文（neo-Darwinian）的世界觀，認為理想的組織應該是由小單位組成，彈性的組織層級與領導方式，眾人致力於團隊方案但重視個人特質；組織分散，但具有高度互信與參與感；具有自我反省能力，但賞罰分明。這不是大家都喜歡的組織模式嗎？

或許人類的本性就是想當某種跳蚤；但組織卻違反我們的直覺，將我們堆在一起各司其職；學校也教育我們理性重於人性。如果當跳蚤是人的本性，那大象將受到未來經濟的壓力，迫使它們更加將員工視為是單獨的經濟單位，讓組織能與人的本性相結合，皆大歡喜。除非能有這樣的良性互動出現，否則風水輪流轉，那些擁有智慧財產權的關鍵員工將對公司予取予求。馬克思所鼓吹的希望與預言，也就是工人控制生產工具，也許將會以這種意想不到的方式成真。

第五章

新舊經濟的交接

photograph © Elizabeth Handy

人在屋簷下，跳蚤與大象一樣跳脫不了現實經濟的影響。網際網路創造無限可能，使得某些人預想到新經濟的來臨，那是一個無限彈性與成長的經濟形態。的確，在新科技的發展下，有段時間美國經濟確實維持高成長不墜，似乎也驗證這些人的看法。然而，事實和理想總是有差距。新經濟還是要依循一些舊規則：利潤無法無限期遞延，股價照樣起起落落。不過，新科技的確為我們帶來許多新設備及令人興奮的新工具。我們現在看到的一些事物，其實是新瓶裝舊酒，它們或許可以迷惑我們一段時間，但改變不了這個世界。有些事物則是全新的，意義非凡。

不太新的經濟

以下的說法也不無道理：五歲前發生的科技變化，我們會視為理所當然；三十五歲前的科技變革，我們則認為很刺激，開拓無限可能的未來；至於三十五歲以後發生的變化，就會令我們沮喪與不安。因此，年輕孩童理所當然的接納電腦與行動電話。所謂的電子革命（e-revolution）是由一群二十多歲的小伙子發動的，至於老一代的人通常抱持懷疑的態度。

科技真的改變世界嗎？

在年屆七十之際，我其實也提不起勁去評論新科技。我們不能也不該阻止科技變革，畢竟它是人類創造力的體現，而且不可逆轉。不過，在迷惑與刺激過後，我們還是會吸收這些新科技，然後日子照過。自動整理內部的冰箱將相當普遍，手錶除了指示時間外，還會具有全球定位系統的功能；這些未來科技會很刺激，但它們改變不了我們的人生。

四十四年前，我剛投入職場，在吉隆坡擔任殼牌石油的行銷助理。由於運輸工具的限制，我在三年後才回到英國。任職期間有一次聖誕節快到了，我想打電話報平安，愛爾蘭的家人應該很高興才對。但那時打國際電話可沒現在這麼容易，首先你得提前好幾個禮拜預訂，等時間一到拿起電話，你就會聽到接線生一站呼叫一站，叫過大半個地球。「孟買呼叫開羅，有倫敦國際電話請接通」，就這樣一路呼叫到老家愛爾蘭的當地郵電局，然後傳來的是局長瓊斯太太（Mrs. Jones）的聲音。

「是韓第先生嗎？你父母知道你要打電話來，這裡天氣很糟，你那邊天氣如何？你是在哪兒啊？」

我說：「不好意思，瓊斯太太，很高興聽到您的聲音，不過我只有五分鐘，麻煩把電話轉給我爸媽。」她心不甘情不願的幫我接通電話，畢竟她也不是每天有機會和大半個地球外的人聊天。

小女這些日子在紐西蘭工作，我們幾乎天天寫電子郵件；一星期通一次電話，一次講半小時，花費只有一英鎊；每年見兩次面，不是在英國，就是在紐西蘭，要不就在中途。當我回想起自己剛進入社會那段日子，我才驚覺通訊的進步是多麼神速。令人欣慰的是我們也就輕易的接納新科技，我想總有一天，太空之旅會變得和搭歐洲之星（Eurostar）去巴黎吃午餐一樣稀鬆平常。科技造就了天涯若比鄰，但它真的改變這個世界嗎？

這些科技變革的吸引力也令我震驚，其實只要一樣東西存在，眾人就會想去使用它。由於現在從吉隆坡搭飛機去倫敦開會已經不是不可能的事，因此人們就會去做；由於按兩個鍵就可以把訊息傳送給大半個組織，因此人們就會照做；由於現在可以二十四小時在全球做生意，因此人們也就照做，然後把自己給累得半死。我獨當一面的日子，是我在沙勞越掌管殼牌石油的行銷公司。當時我的辦公室沒有電話直通區域總部，而且老闆遠在新加坡，我們只得硬著頭皮克服管理上的問題，因為你別無它法。

或許這樣更好，因為在那種惡劣的環境下，主管只能以我的實質表現論英雄。外界有人要來探訪我，總得花上個兩天的路程，這就夠他們嗆了。當時我很年輕，才二十四歲，我連汽油和煤油都分不清楚，不過我的學習能力很強。而且我在那個鳥不生蛋的地方就算犯了錯，在別人還沒發現前都可以改正。不像現在你有一堆上司督導，根本就沒有自省改錯的機會；或許犯的錯比較少，但相對的，學習機會和責任也減少了。

電子商務或所謂的B2C（企業對客戶）一開始也沒有像那些科技狂預測的一樣一飛沖天。如果你買的是資訊、諮詢，或是資訊的衍生品，像是飛機票、飯店訂位或股票，這些可以透過螢幕完成交易的產品，正是電子商務的專長，不過網路交易安全仍待提升。如果交易的產品必須透過實體運送的話，包裝、運送、準時或延遲交貨的老問題又會出現。這個時候就和老式的郵購沒什麼差別，和我小時候在愛爾蘭鄉間，雜貨店每週送貨到府的情形也沒啥兩樣；那時雜貨店每週五早上把家母透過電話訂購的日用品送來，每次都會丟三落四，不是缺貨就是聽錯。

新時代的管理問題還是一樣

撇開網路公司（dotcom）的炫耀及早期所帶來的狂熱，其實它們所面臨的還是那些一直存在的管理老問題。設計網站是挺新鮮有趣的，不過網路公司創辦人仍然要把創意轉換為具體的營運計畫才行。他們必須四處推銷創意，贏得銀行或創投家等金主的支持，而這些人肯定是抱持懷疑、審慎及猶豫的態度，畢竟他們是把錢用在他人的圓夢計畫上，焉能不小心翼翼呢？好，就算你成功獲得資金挹注，你還得扎扎實實的推銷你的網站，還有更煩人的倉儲、配銷及客服中心的問題要應付，這些都涉及到人事招募、運籌管理及人員訓練等傳統領域。

有一次，我和英國一家早期的拍賣網站創辦人對話。他說，網站經營真正的問題不在於創意或科技，他一直深感沮喪的是員工早上上班不準時。另一位網站經營者告訴我，他的問題是不知如何激勵在客服中心工作的年輕人，他們嚮往網路公司的酷炫，結果卻發現自己整天接客戶電話，無聊得很，一點也不炫，因此人心浮動。但一年超過三〇%的人員流動率對公司很傷，這筆額外的成本並不在當初的營運計畫估算中。另一個人告訴我：「我以為有衝勁的年輕人就可以彌補經驗的不足，完全不是這回事，我被迫得辭退所有和我一起創業的年輕小伙子。」

還有一位成功創業者，竟然無法分辨哪一部分業務是賺錢，哪一部分是賠錢。這位女創業家認為，他們這些企業主都太忙了，忙得連財務控管這個領域都沒時間碰。她抱怨她的金主一天到晚都在談論她的「燒錢速度」（burn rate），她說：「金主對我及公司的未來完全沒信心。」其實，我覺得這些金主的憂慮並非空穴來風。在網路世界中，人流及金流的管理仍是企業成功的關鍵。所謂萬變不離其宗，新世界仍需舊技巧與新方法並用。

網路時代管理新企業的技巧

《經濟學人》雜誌根據一份問卷調查，參考許多相關著作，列出網路世界管理新企業所需的十項技巧，茲列出如下：

一、速度：所有的事情發生得更快，官僚體制會阻礙決策。

二、人才：人要少、又要好。

三、開放：透明化大家都受益。

四、合作：團隊為基石。
五、紀律：效率來自協定與標準程序。
六、溝通良好：人們必須掌握一切事情。
七、內容管理：八〇％的資訊是不必要的。
八、關注客戶：以客為尊。
九、知識管理：分享自己所知。
十、以身作則：說到做到，即知即行。

這十大技巧我心有戚戚焉，或許順序不同，但這十項技巧，不正是我過去三十年來一直敦促組織及其管理人實行的嗎？網路世界的管理還是離不開一些常識，只是知易行難罷了。

就在我琢磨到底這是一個多新的世界時，《電報時代》（*The Victorian Internet*）的作者湯姆．斯丹迪奇（Tom Standage）正好在皇家文藝學會（Royal Society of

Arts）演講，他指出網路時代我們早就經歷過了。一八四〇年代，發明了電報，接下來如蜘蛛網般的電報網像雨後春筍般的迅速擴展。它造就許多新的企業與商業模式，商業腳步的加速是前所未見的。公司除了擁抱新科技外，別無選擇；有人抱怨資訊爆炸，侵犯個人的家庭生活。新的犯罪形態應運而生，電報公司只得發展出代碼和密碼因應。電報族聚集在聊天室，談笑、扯八卦，下西洋棋；於是，不可避免的，各城市電報員之間的愛苗開始滋長。

斯丹迪奇表示，當時眾人對新科技充滿高度期待。有人宣稱：「地球上所有住民，都將成為知識一家親。」博學之士們宣布新和平世代的到來，其中一位說：「電報促成地球上各國的思想交流，舊有的偏見與敵意將不復存在。」

唉，事情才不會這樣發展。這個世界很快就適應新發明，然後繼續依然故我。你可以說我們只看到通訊科技的改進，而且也適應得很好。斯丹迪奇指出，維多利亞時代的人對飛機會感到印象深刻，卻會認為網際網路沒什麼新奇。說穿了，就像比爾蓋茲相當誠實的承認，相較於基本醫療及營養需求來說，全球上網的迫切性還上不了檯面呢！

《經濟學人》雜誌刊登過一群日內瓦銀行家的廣告，廣告詞如下：「我們在線上（online）工作已經兩百年了，也就是說我們直接和客戶溝通；無疑的，我們最能掌握最新的資料及通訊科技……。但這些科技創新只不過是強化人際關係的信任感、拉近彼此距離並加強聯繫，這些價值才是我們的業務重點。」

這廣告背後的涵義相當重要，就相當大的一個層面來看，新科技不過是強化已經存在的事物，並未取代它們。我們熟悉的大多數行業，未來二十年內都還會存在，只不過一定會被新科技所強化罷了。舉例來說，卡車上將會全面加裝衛星導航設備，但是卡車這個行業仍會存在，說不定在物暢其流的情形下會更興盛，因為人們現在彈指之間就可以輕鬆上網購物，不必逛大街，也不必上購物城。在每個購物網站背後還是要有倉儲及運送系統，就算是下載電子書，你也得有原始作者寫書才行。水電工或許配備更高科技，但是仍會存在，就像醫生、護士、律師，以及多數現存的職業一樣，是不會消失的。家庭廚房可能高度自動化，只要用行動電話就可以遙控烹飪一道特餐；不過，我認為人們還是會上餐廳，畢竟偶爾奢侈一下，外食用餐的喜悅仍是無可取代的。

以人為中心的體驗經濟

我們將休閒旅遊等消費性經濟活動（看戲、旅遊、上餐廳、看球賽）統稱為體驗經濟（experience economy），這項經濟規模早已超越了實體經濟。一九八〇年，約二億八千七百萬人進行國際旅遊活動；到了二〇二〇年，這個數字估計會有十六億人口，約占地球人口的五分之一。精明的行銷手法，把最平凡的活動也包裝成人們追求的體驗。購物如今已經成為全家的外出活動之一，航空公司也不再只是把忙碌的主管送到目的地而已，它們在機上提供更寬敞的空間，供主管睡覺、工作及娛樂。廣告詞這麼說：「××航空與您共享飛行經驗與樂趣」，畢竟在體驗經濟中，公司賣的是回憶，不是貨物。在合理預期下，二十年後我們將有更多可支配所得，在人們追求新奇體驗的驅使下，體驗經濟肯定前景看好。

新科技會強化未來的經濟模式，但它仍會是以人為中心的服務經濟。的確，當人們花更多的錢在休閒體驗上，投入這個行業的人就會更多。一些腦筋動得快的飯店宣稱平均每位客人就有多少員工服務。弔詭的是，科技讓我們更富裕，在人際服務業這行的就業人口卻反而更多，他們從事的是過去僕人所做的服務，只不過如今卻更有尊嚴，因為他們是在做生意求利潤，而不是像僕人般在盡義務。一百年前，廚子、司機、清潔工被歸類為「家庭佣人」，他們是就業統計數字上最大的一群人；如今，就業統計數字上已經沒有這個項目，但這些人還是存在，誰出得起錢就可以請他們幹活。只不過，他們現在都成了個體戶，什麼「廚子無限」（Cook Unlimited）、「駕駛出租」（Chauffeurs for Hire）等服務應運而生。

社會愈富裕，愈會回歸有機產品或是環保生活方式。手工打造成為上等貨，傳統就是好。工匠或新風格的藝術家，可能會用手機與工作室聯絡，甚至查查股價；但是實際的工藝幾世紀以來並無不同，不但會傳承下去，甚至手法更古老也說不定。以我加蓋的鄉村別墅為例，基於環保考量，我們的牆壁選擇麻類纖維做材料，麻與石灰混合後，具有絕佳的隔熱、防火及隔音功能。除了這些好處外，由於麻是天然纖維，用在裝潢上相當好看；加上它是天然植物，所以百分百環保。不過，麻與石灰混合物必須用人工填塞在支撐的木材間隙間，直到它硬化為止。這種傳統工法相當費工，類似十六世紀都鐸式建築的木屋蓋法。

部分製造商甚至認為，賺客戶錢的捷徑不是直接促銷產品，而是先迂迴提供全方位的服務，再伺機推銷產品給客戶。惠普（Hewlett Packard）提供諮詢顧問服務，主打的還是電腦硬體。聯合利華（Unilever）正在試行一種居家清掃服務，為其清潔產品打入家用市場鋪路。殼牌也推出一種實驗性的洗衣服務，以便拉抬其洗衣劑的銷售量。如今，廠商會鼓勵你租地毯、租車；不要買冷氣，買空調服務就好。「不在乎曾經擁有，只在乎隨要隨有」，里夫金在《付費體驗的時代》（*The Age of Access*）中這麼說。

電腦增添個人化時代的風采，任何人所傳遞的一切資訊，不論是在銀幕上或信件中，都可以有個人簽名；不過，真正的個人化是需要人際接觸的，所以你也不可能打著自己的名號到處騙人。再說，每項體驗的背後一定要有實物。劇院不演戲就是一場空，購物買不到東西會令人沮喪。內容才是經濟活動的關鍵，而且在資訊時代，知識與創意提供多數的內容，這些內容勢必得仰賴個人。在經濟規模與巨額資本的考量下，大象組織或許掌控了科技，但空有科技卻無內容，終究還是枉然。美國線上（AOL）在併購時代華納（Time Warner）取得其內容前，充其量不過是上網的途徑罷了，內容必須與通路結合，才能展現在世人眼前。內容是創意的有形體現，創意則來自個人或群體。

因此，才華向來是珍貴的，未來它只會更加水漲船高。各種挖角的高額聘金（Golden Hello）不勝枚舉，然而，並非每隻有才華的跳蚤都願意將自己的智慧財產賣給大象。倫敦有四個逃離傳統公司的年輕人自行創業開設網路公司，結果發現所需資金遠超過他們的能力範圍。最後，他們還是得把網路公司讓售給大公司；不過，大公司對他們的網路業務不感興趣，倒是希望他們四人帶槍投靠。大公司承諾只要他們過來，馬上付五十萬英鎊。這四劍客需要錢來償還創業貸款，但在自由價更高的前提下，他們仍舊選擇千山獨行。

熱過頭的電子革命

電子革命說不定是熱過頭了，當然，早期網路公司雨後春筍般擴散時，確實是有點「過度樂觀」了。不過，不到一年就冷卻下來；因為股市已認清如果獲利終究未實現，那用年銷售額乘以成長率來評估一家企業畢竟很不切實際。美國高科技股的大本營那斯達克（Nasdaq）一九九九年才往上翻了兩翻，第二年就跌得一塌糊塗，似乎預告美國長期榮景的結束。在這一波跌聲震天的枯景中，只有真正提供科技創新的公司熬了過來，不過也是傷痕累累。一九九九年全球最有價值的企業思科（Cisco），兩年後發現公司的股價重挫八〇％。思科執行長宣布裁員一七％時曾提到：「公司衰退的速度恐怕是任何產業裡相同規模公司中最快的。」再說，人們也意識到，誰說每次推出新產品，消費者就一定要換行動電話或筆記型電腦呢？市場一如以往會飽和，新科技也改變不了這個道理。

二〇〇〇年，英國與德國的行動電話業者競標第三代行動電話經營權，也就是所謂的WAP手機，他們在這兩國內的投標金額超過兩百億英鎊。這等於是每位用戶的開機成本就要兩千英鎊，還不包括業者需要回收的利息。《經濟學人》雜誌預估歐洲的電話公司總共要投入約三千億英鎊來推出新手機，最後都是羊毛出在羊身上。

現在，手機用戶都已經習慣一分鐘不到一便士的費率，誰也不知道他們願不願意付出更高的代價，追求邊走路邊上網的特權。但是，即使風險高，卻沒有一位業者敢跑在未來潮流之後。或許網路世界讓你隨時一手掌握很方便，但等到新鮮感消逝，還不就是一個手機小螢幕罷了。新科技所帶來的一個意想不到的效果，就是把打電話變成一種有形商品交易，品牌不重要，利潤也不高。

虛擬世界的責任與負荷

在此同時，我們也吸收新科技並且優游其中。很難想像，網際網路只有十年的歷史。誰能想像老奶奶們如今已經會瀏覽網路，還會發電子郵件給兒孫輩，不僅不必擔心打擾他們，而且就算是做事最慢吞吞的孫子，也一定會回信。

現在，我拿到的名片上只印有電子郵件地址及網址，有些人似乎就是生活在網際空間（cyberspace）中，這個網際空間二十年前聽都沒聽過。威廉．吉布森（William Gibson）在他一九八四年的科幻小說《神經喚術士》（*Neuromancer*）中發明了這個字眼。你可以上網看自己當模特兒，選穿自己喜歡的衣服，甚至可以看背後的樣子呢！如果你喜歡網路購物，那保證你是選擇無限。

想交朋友，沒問題，一堆聊天交友網站任君選擇。網路戀情赤裸真實，沒有風險，無痛無傷的不倫之戀！我們不必擔心加入聊天室會被排斥，不妨裝扮成真實世界中的夢幻人物，隨意變換自己的角色；高興的話，十天之內可以活他個十輩子。好比是投胎轉世，隨心所欲！

我有一位六十多歲的朋友，她住在英格蘭的一個鄉間小鎮，每天上網與動物保育人士交談。她說：「人們在電子郵件中顯得比較誠懇，透過網路，我交到世界各地的朋友。」而且，當政治人物演說時，我們幾乎可以立刻透過網路表達我們對他們的看法，人民實際當家做主，民主終於實現。世界就在你的指間跳躍，這是多美好、多解放、多開闊、多快活的一件事。然而，等到這一切的興奮消退後，我們真的願意承擔這個新機會所帶來的責任與負荷嗎？

組織發現網際網路不只是新的溝通方式，還可以上網競標；張貼公司即時公告；客戶可以隨時上網下單；隨時更新客戶資料，了解客戶偏好。就理論來說，涉及資訊傳遞的業務都可以降低成本，管它是計畫、廣告、帳戶、訂貨單或是送貨排程表。組織不需要實際擁有每件東西，它們可以透過企業對企業（B2B）這個新媒介進行虛擬整合。人們說B2B才是網際網路真正的未來，它同時也會改造我們的組織，甲骨文（Oracle）及奇異電器指出，B2B兩年就讓它們節省了一〇%的成本。不過，我不免懷疑它們低估低成本的後遺症，最低價得標者，未必是最佳商業夥伴。

不太好的消息

當人們發明使用的電力後，它的效果及影響約三十年才完全顯現。到目前為止，電子革命造就許多新玩意，有些的確提高效率，但不見得都是好消息。科技的進步有時製造更多「垃圾」。美國一家顧問公司發現，他們的主管每天收到一百五十封電子郵件，超過一百通的語音留言。每天收到三百封電子郵件不算稀奇，許多收信人竟也願意每天花個一小時逐封審閱。你要是離開一星期，肯定有一千封信等著你。難怪有許多人帶著筆記型電腦去海灘；還有愈來愈多人只在週末睡覺，矽谷的人戲稱這種人為「睡駱駝」（sleep camels）。

網際空間中如何互信

根據歐洲聯盟委員會（European Commission）的估算，不請自來的垃圾郵件每年讓網際網路使用者損失六十億英鎊，多數是因為寶貴時間的浪費。一位高層主管向我抱怨：「我們的員工已經無法思考，因為他們忙著回信。」主管的祕書或許會消失，取而代之的是新的資訊守門員，但他們也無法徹底防堵躲在暗處的駭客。前幾天，一個電腦病毒毀掉我的通訊錄，並害我損失半篇文章。這封通過人工或電子防火牆的病毒郵件，似乎要求我立即回信。說巧不巧，就在這封病毒郵件寄來前一天，朋友才打電話問我，是否收到他們的電子郵件，我大概就是急著回信，才著了道。

英國社區經濟協會（Business in the Community）的大衛．葛雷森（David Grayson）對科技日新月異所帶來的影響：做了一個相當簡潔有力的總結：一九四九年的全球貿易量，現在一天就達到了；一九七九年所有的外匯交易，如今一天就做到了；一九八四年一整年的電話話務量，如今也是一天就達到了。一年如一日，有時正說明這種科技突飛猛進的感受。有時我不免大聲疾呼，請放慢這個數位世界的腳步，要不就給我一個暫停鍵，好讓我喘口氣。

再說呢，速度及數量都不是品質及事實的保證。網際網路掩飾年紀與性別，就政治層面看或許正確，但如果你不知道上網與你互動的人背景的話，你如何相信他說的是真話。我的一位朋友想知道醫學上對死亡的定義，他不想查醫學字典，而是在網路布告欄貼詢問啟示。他說：「真是不可思議，一小時內我就收到十封回信。」我說：「答案都一樣嗎？」他回答：「當然都不一樣，這是一個見仁見智的不確定問題。」於是我說：「既然你連來信人的背景都不知道，那你如何判斷誰的答案最好。」問了等於白問。

更糟的是，網際網路成為戀童癖犯罪的工具。最近有一位四十七歲的男子在英格蘭被定罪，罪名是性侵害一名十三歲的網友，這名男子一直隱瞞他的年齡，以誘騙這位女孩和他見面。在網路財務世界中，現在任何人都可以宣稱有公司內線消息，企圖哄抬股價迅速獲利，就像美國人說的「哄抬再出脫」一樣。二〇〇〇年二月，一家市值兩百五十萬英鎊的英國研磨咖啡小公司高寶集團（Coburg Group），由於市場謠傳這家公司將推出網路業務，公司股價暴增七倍。當公司董事會出面闢謠後，股價跌回先前水準；不過，投機客此時恐怕早已賺進大把暴利，然後出脫持股囉。

或者以商品來說，透過網路購物，你可以閱讀與瀏覽產品型錄，但你無法實際看到商品。我喜歡先壓一壓酪梨，看看熟了沒有；但如果我透過網路購買，我就只得相信商家的說法了。其實我們似乎早就信任品牌勝於相信個人，理由是我們不太了解個人。

一切不再確定無疑

歐洲人喜歡手機，理由是電話的那頭似乎存在著另一個人。不過，手機同時也促使我們改變自我組織的方式，因為現在電話是屬於個人，而非屬於一個場所。據說摩托羅拉（Motorola）的願景是每個人出生時，除了名字外，還有一組專屬的電話號碼，這個願景似乎不遠矣。我姪女才四週大的女兒已經有電子郵件信箱了，而且等她會講話時，就會有自己的電話號碼。

既然現在我們走在街上就可以用手機收發電子郵件或上網，誰還知道或需要知道別人在哪裡呢？但如果你無法知道別人目前在哪裡或在做什麼，那你要如何管理人呢？以往辦公室像是人們賣時間為五斗米折腰的畜欄，如今的辦公形態變成放牛吃草，一旦你要召集人馬回籠，恐怕連趕牛的牛仔都不夠用。

理論上，學校也不用每天把學生集合到校上課，透過網際網路遠距教學即可；政府單位一想到虛擬學校可以節省大筆教育預算時，肯定是躍躍欲試的。以往學生帶所有教科書到校的情況將不復見，容量十五萬頁的電子書就可以搞定。但是，並非所有學生都像開放大學那些求知欲強的學生一樣，擁有高度的自制力與組織力。而疲累的父母未來也別以為看到孩子走進校門，就可以鬆口氣了。電子名牌會取代學校點名制度嗎？這是件好事嗎？

財產也會變得令人難以捉摸。在新的世界中，創意、資訊及智慧都是新的財富來源，但這是一種不同的財富。我可以傾囊相授，但囊還是在我手中，不像土地或現金，脫手就無回。智慧財產也一樣不好掌握或評價，我們無法將智慧財產免費贈送或再經銷，此外也不能課稅，因為既然無法衡量其價值，就無稅可課。

有時我們希望每個人都知道我們的創意，但有時我們又想藏私；除非你能把創意付諸實現、具體成形，否則你如何為創意申請專利呢？

資訊世界的新難題

因此，取得我們製造東西的所有權將愈形困難，這等於是給律師更多賺錢的樂趣與大好機會。有管道取得（access）將比擁有來得重要，就某方面來說，一個充滿無主財產權（unowned property）的世界將促進經濟發展，因為那些一無所有的人將可以與人一爭高下。美國的法律最近才允許基因可申請專利，取得這些專利的公司或組織，對想使用這些基因做研究或發展新療法的人，都可以依法收費，這些組織是針對自己宣稱的發現收取使用費。如果這項法律維持下去，它將模糊發現與發明的分際。基因不是被發明的，開天闢地以來，它們就已存在，只不過未被獨立出來或命名罷了。

到目前為止，發明才能取得專利。幸好那位無意被茶樹絆倒的老兄沒有去申請茶葉專利，不然現在全球喝茶的人口恐怕將減少很多，因為所有茶農都得付出一筆權利金。如果誰都可以宣稱他擁有新發現的自然事物，無論是基因或植物，那無主財產權的世界恐怕要壽終正寢了。部分人可能會因而致富，但整個世界將更貧窮。

有人希望一個幾乎免費的資訊與知識世界，將帶來眾人平等，而且希望能夠不收取使用費，以免使這個理想幻滅。這些自由派的夢想會成真，或是永遠落空，端視他們對資產抱持哪種財產觀念。知識若是免費的話，印度的貧窮村民就能像加州深山的富翁一樣，輕易接觸到外面的世界。當任何人都可以利用像汽車公司等聯盟成立的採購中心、並比較貨物時，誰還能夠獨占市場呢？知識將如甘霖普降在窮人與富人身上，距離也不是問題，全民教育終於不是夢。

無論如何，總有人擔心這種資訊新資源，會像之前所有的財富來源一樣排擠窮人。即使新知識是免費的，也只有富裕的組織有錢買下入口網站。記得兩年前，我想用網景（Netscape）找尋財務資訊時，最先看到的便是花旗銀行

（Citibank）的金融產品。由於我生性懶散，就沒有再往下瀏覽了。而據說花旗砸下四千萬美元擊敗競爭對手，取得這個極佳的瀏覽開端。

有些專家認為要不了多久，八〇%的網路商務就會只剩三十家公司承做。這些網路新貴只會貪得無厭，只不過這些新貴和舊時代的新貴不同人罷了。其實不論是武器或科技的革命皆是如此，我們總得等上個一、兩代，這些新貴才能體認位高責重（noblesse oblige）或是財多責重（richesse oblige）的意義，開始幫助新窮人。

也有的人認為把我們的記錄、對話與財務狀況放到電腦上，將會破壞個人隱私權；如果你想要保護個人資料，就必須用密鑰鎖起來，對一般人來說，這既費事又花錢。相對的，在這一層密碼保護的背後，各種雞鳴狗盜的勾結串聯都有可能發生。

即使沒有密碼的保護傘，各種意想不到的聯盟還是會冒出來。二〇〇〇年夏末，誰也沒想到卡車司機與農民會串聯圍堵加油碼頭，三天之內就讓英國陷入癱瘓；英國政府還不知該找誰談判而左右為難。同年稍早在西雅圖的反世貿組織及全球化的示威，也是透過網路激化蔓延串聯，根本找不到是誰唆使的。這是否意味著民主搬出了國會議事殿堂，轉向網路或走上街頭了呢？果真如此，這將使得政府的處境更加困難，政客必須和一群跳蚤打交道，而不是和頑強的舊工會周旋，舊工會雖然勢力大，但至少目標明確吧。

因此，新的電子世界令人憂喜參半。許多事物來得快也較便宜，但會有意想不到的副作用。不過，人們不能因天賜食糧不公平、或味道不喜歡，而把它還給上帝。我們得學會接受現實，而非忽略，或是過度迷戀。一如過往，人類終將適應一切，生活、愛情與歡笑將持續，即使隨身行頭變得比以前更稀奇古怪、更數位化。春天的氣息一樣宜人，或許更宜人也說不定，因為資訊對環境的傷害遠低於鋼鐵或汽車業；莎翁歌劇一樣引人共鳴，因為它描寫了愛情與忌妒、野心與貪婪、傲慢與同情、生與死，這些人性特點都是萬古流傳的。

真的新經濟

排斥與迷戀新科技同樣容易，但實際情況則介於兩者中間。儘管電腦提供強化的功能，但許多工作仍會持續下去；有的工作一去不復返，有的則是全新誕生的工作。城鎮規劃師、建築師及設計師，或許會利用電腦，將他們的創意轉化為能在電腦螢幕上作業的工作模型，但二十年內，即使職稱變得更誇張，這些職務仍會存在。一位年輕女士告訴我：「我接受的是建築師的養成訓練，但我現在自稱為空間治療師。」

產業界全部重組

更重要的是，我們有了一個全新的通訊方式，可以用來獲取及交換各種資訊，同時我們也正處於一個全新工作方式的變革初期。由此可見，網際網路已實現這項期待，成為永遠改變這個世界的「干擾科技」之一。一連串改變的第一項已經出現：產業界整體重組，並且對相關組織帶來災難性的後果。然而，一個組織的壞消息，通常就是另一個組織的大好機會。即使在一片混亂中，很難察覺出機會的存在，但混沌就是會形成創造力。

整個產業界的中介部分正在消失，與我最密切相關的出版業即是一例。目前介於我（作者）及你（讀者）之間有許多程序及組織存在，通常還有作者的經紀人及出版商。一旦書籍編輯完成，出版商就會請美術設計及印刷廠製作成品。印妥的書籍再運到經銷商或大盤商的倉庫，然後配銷到書店，希望有人能買書來讀。

如今除了頭尾兩端（作者及讀者），這個配銷鏈的每個環節都面臨變動，只不過各個環節如何相連仍有許多可能性。例如，我們可以捨棄實體的書店，就像亞馬遜網路書店及其他虛擬書店一樣；出版商也可以選擇跳過大盤與書店，直接出版電子書。

或者，如果我夠厲害，我身為作家也可以跳過一堆人，直接把作品放上個人網站，想看的人付費下載。要不就更進一步，還可以開放文本，讓大家加上自己的評語再轉傳出去，就像中古時期手稿流傳出去之後充滿眉批注解一樣；或者就像在高科技界中，Linux系統開放原始程式碼，讓人自由修改使用一樣。如此一來，誰才擁有最後的成果？或者一定得像Linux一樣免費供任何人使用？那我的收入從何而來？

中間人消失，大家一切重來

有人美其名地稱這個過程為去中介化（disintermediation），這是指在整個行業中，原本的中間人消失，允許新人加入、填補空隙的一種現象。當某種事物被冠上這麼一個技術性的綽號時，你至少可以確定它正在發生。任何資訊行業如今都面臨去中介化的命運，像是旅行社就岌岌可危，因為現在旅客光從網路上就可以獲得許多資訊。而當你可以從自己的電腦螢幕或手機上，更即時的取得更個人化的新聞資訊時，報紙及新聞報導就沒什麼人要看了，這種現象在美國已相當普遍。

隨著兩百多個頻道以及個人影像錄影機（Personal Video Recorder, PVR）的出現，整個電視業將面臨去中介化。個人影像錄影機可以在一天之內側錄幾百個小時你最喜歡的電視節目，還可以選擇錄不錄廣告。環球影業（Universal Studios Networks）的湯尼·嘉藍（Tony Garland）稱這種現象為「預約觀賞」（appointment viewing），代表著頻道業者實際上要付你錢，請你收看廣告，例如，你看一部沒有廣告的影集要付兩塊英鎊，但是有廣告的影集只要付半塊英鎊，這種顛覆的想法讓許多人摸不著頭緒。

別怕，搞不清楚的人多得很。對大企業來說，它們遭遇的一個問題是，如何迅速因應一個和以往大不同的變遷世界。所謂積習難改，特別是這些習慣早已讓你養尊處優慣了的時候。每個行業都得重新檢視其基本經營觀念，看看它們是否還能像以前一樣為公司帶來獲利。

音樂界則是另一個例子。音樂ＣＤ是介於唱片公司與樂迷間的媒介，如今網友可以透過網路，利用Gnutella（或其後繼的免費軟體）從其他素昧平生的網友那裡交換並下載音樂檔案；如此一來，誰還要買原版ＣＤ？這種網路下載音樂的動作，如今被統稱為點對點傳輸技術（peer-to-peer, P2P）。

P2P也是另一種讓更多行業提心吊膽的干擾科技之一。免費全球撥號（The Free World Dial-Up）計畫將全球私人電話串聯起來，你在自己的所在地撥號，系統經由網際網路把你的電話送到另一個國家，當地的業者再透過當地的電話系統，將你的電話送到你要打的那個受訊戶端。這麼一來，你雖然打了一通國際電話，但收費卻是兩通市內話費的標準，而在有些國家，市內話費可能是免費的。那電信公司要如何賺錢呢？

去中介化的過程會持續下去。證券業務員將無用武之地，因為你可以直接透過電腦或手機下單。拍賣場將和股市一樣，走進螢幕。如果我們覺得網路問診方便，診斷結果夠權威，可以直接拿到處方用藥、或預約醫院門診的話，那說不定連醫生也不需要了。

政客將會發現，國會遭到強有力的地方議會及地方經濟集團的擠壓，他們將大聲悲鳴中央主導權旁落。然而，當新科技將每項事物同時推向地方化與全球化的同時，去中介化就是一個意想不到、但不可避免的結果。

最有趣且最重要的去中介化現象，將是銀行體系的消失。智慧卡正在創造一種私人貨幣的形式，許多公司的信用方案比銀行來得實惠又好用。人們有時會說，福特汽車其實是一個披著車廠外衣的銀行，有時候，它們會拿汽車作為特價誘客商品（loss leader）。而如大衛．霍華爾（David Howell）在《現時危機》（*The Edge of Now*）中所指出的，有些非官方的清算系統已經存在，這使得中央銀行不需保有準備金來應付跨行交易。經濟失控？或許已經開始。如今倫敦金融市場每日交易金額，超過全英國每年貨物及勞務總產值的三十倍，英國央行若想干預匯率，無疑是異想天開。未來各國央行除了定期集會決定利率水準外，還有其他的功能嗎？

想得極端一點的話，幾乎每個人都是介於來源客戶與最終客戶的中間人。幾乎每項工作在未來二十年都可能成為中間職務而消失。由於全球資訊都在你指間流轉，在電腦輔助下，沒有什麼事是自己辦不到的。網路買車、賣車，根本無須去拜訪經銷商；如此一來，我們還需要經銷商做什麼？

新進者趁機崛起

原因在於未經解釋的資訊只是數據，需要再經過分析，才能轉換成知識。要了解內容及相關技術領域，這些都是費時費力的工作。在人生多數的時間中，我們多數人都沒有時間或企圖去自我教育。因此，許多產業的中介工作仍會持續存在，只不過換成另一種形態罷了。通路組織將被不同的指南、傳譯或教師所取代，他們是一些靠電子媒介提供個人化資訊服務的個體戶或小公司。這些中介性質的工作仍會存在，只是形態不同；如果歷史可作為借鏡的話，我們將發現這些工作將由不同的人或組織來做。

更廣的來看，傳統行業的中介工作消失，將創造出新機會、新氣象。然而，目前多數業者不太可能迅速因應未來的變遷，這就讓新進者有更大的發揮空間。也就是說你往往必須跳出框架外，才能知道如何重新設計框架。這些新進者往往是來自產業以外的人員，而且一直要到他們已經進入這個產業時，才會被現存者注意到。變化是不會大張旗鼓讓你知道的，當現存者沿著現有路線前進時，新進的外來者卻悄然掩至、左右包夾，殺它個措手不及。

《大英百科全書》（*Encylopaedia Britannica*）的管理人員，一直深信人們一定會要厚重的精裝本，花好幾千英鎊買來擺在起居室增添書香味。結果先是葛羅里百科全書（*Grolier Encyclopedia*）推出售價三百八十五美元的光碟版；接著在一九九三年，微軟推出售價一百美元、還包含多媒體的英可達（Encarta）電子百科全書，大英百科眼睜睜地看著收入一路下滑。一年之內，大英百科垮台並轉手他人。從此以後，大英百科僅提供網路免費資訊服務，收入則來自廣告，但一世英名已經受損。對外界觀察人士及從事後觀點來看，大英百科的教訓相當明顯；然而，事後諸葛只對寫訃聞有用而已。大象需要跳蚤搔搔癢，才能在為時已晚之前就看出事態已經相當明顯了。

當我們逐漸調適到一個逐漸去物質化（dematerialized）與增強虛擬層面的世

界時，社會與商業都會出現去中介化的現象。在一個更加虛擬的世界中，國與國的界線及各國國會都會慢慢消失且不復重要。現在如果我從網路上下載一些資料，我並不知道它們是來自哪個國家；若真如此，那出版商在合約中訂定地區版權條款的意義何在？希特勒的《我的奮鬥》（*Mein Kampf*）在德國是禁書，但德國人卻可以從亞馬遜網路書店買到這本書。到二〇〇一年，全英國擁有電腦的家庭將達到四〇％；然而，不出二十年，我們就不再稱之為電腦了。它們將只是掛在牆上的互動式螢幕，我們則用觸控或語音的方式來傳達指令。將來我們買賣許多東西都會透過這些螢幕，然而這些交易事項要由誰來追蹤計算呢？

個體戶增多，愈來愈難課到稅

其實，我現在的一部分收入已經非物質化或虛擬化了。好比我的版稅就是一例，其他國家的出版商必須付費取得版權，才能再印刷出版我的著作。除非我主動告訴國稅局（Inland Revenue）或關稅署（HM Customs and Excise），我看不出來有誰會知道這筆版稅收入。不過，老實說挺可悲的，這筆錢不多，所以我乾脆誠實申報，但是如果金額很高的話，不申報的誘因就很大了。在這種情形下，稅務單位得愈來愈依賴公民誠實申報，才能課到稅收。

傳統上，在雇主代為扣繳的情形下，所得稅是最容易徵收的稅目。然而，當愈來愈多的個體戶或小組織承攬一般業務時，這種自動扣繳的機制就派不上用場了。像義大利這類的國家，正逐漸由課徵無形所得，轉為課徵實物所得，最好是像房屋之類的不動產。不過，財產稅也有其限制，而像加值稅等銷售稅則屬於累退稅，它們對窮人的傷害遠比對富人的傷害更大，而且最終將導致通貨膨脹，大家全受害。

政治家們現在愈來愈精，會去找一些新的「隱形稅」（stealth taxes），都是一些一開始沒人注意到的稅；然而他們還要更精明點，或許連外匯交換市場上的金流也得課徵。但是，這必須簽訂國際協定，確保大家都按牌理出牌。換句話說，各國稅制的更齊一化將是無可避免的。此外，政治家還必須找到更多讓我們大家都能接受的付稅方式，或許是擔保契約（hypothecation）的方式，也就是說讓稅目與某些服務掛勾。例如，所得稅可細分為健康稅、教育稅、警察稅、國防稅等等。政府部門都很討厭這種稅賦方式，因為這對它們綁手綁腳，並迫使公共支出更透明化；但如果政府不想使用昂貴又具侵犯性的電子金檢系統的話，這或許是唯一能從人民身上收到錢的方式。

我這樣說可不是要改革稅制，只是要利用未來稅制的困境來舉例說明，在未來世界中，這個社會及商業的個人化程度將有多深。愈來愈多個體戶跳蚤會出現，政府部門官僚體系對它們的掌控權則會愈來愈少。少了我們的志願配合，這個社會將分崩離析。我相信我們對地方的貢獻比對國家、組織、結構或官僚體制的貢獻更大，因為我們會覺得對地方有歸屬感。至於後者那些系統，我們根本無法了解它們運作的目的，也無法控制它們的運作。簡而言之，民主要能成功運作，勢必要更加地方化。只要大約再三十年左右，民族國家或許將在去中介化過程中消失無蹤。

工作形態的變化

當組織正在適應去中介化的同時，工作的形式也正發生變化。目前在英國，接受組織提供全職工作的勞動人口還不到一半，這個事實讓我們警覺到變化的規模有多大，即使這樣的改變並未發生在我們身上。

當我大學畢業加入殼牌集團後，我心裡的大石頭總算落地，一方面是因為終於找到工作，更別談我所加入的組織在全球的觸角有多廣。我心想：「這輩子不愁吃穿了。」因為我認為殼牌此後將負責我的訓練及發展，讓我適才適所，照顧我及未來家庭的財務需要，並且規劃我的職業生涯。或許我不應盡信它們的招募簡介內容，不過殼牌的確是打算這麼做。當年我在殼牌的同事，全都是一輩子奉獻給殼牌的人，他們也沒想過去別的地方。回首從前，我很訝異自己竟然如此一廂情願（甚至是渴望）把我的一生交給一個組織，而我也不過就見過殼牌幾位無足輕重的人士而已。

殼牌當年所提供的工作類型，如今早已不知改變成什麼樣子。組織也早就不再提供這類工作，而個人則是既不期待也不想要這種工作。在後個人化的社會，工作的類型不斷推陳出新。所謂的「就業力」（employability）是指「獨立思考」，組織內的許多幕僚也是如此認為。現在所謂的忠誠指的是先對自己及未來忠實，其次是對自己隸屬的團隊及計畫忠實，最後才是忠於組織。今日與大象共事的人認為自己是新的專業人士，類似傳統的建築師、律師及教師，自己的職業發展機會遠非組織所能提供，自己只不過是恰好在組織內工作罷了。一位社會學家稱這種人是「世界人」（cosmopolitans），而非「當地人」（locals）。歐美現在進修MBA（不論其形式及品質）的熱潮，象徵商業及管理成為一門準專業（quasi-profession）的新現象。

再說，新工作將不再保障我們享有上一輩的退休待遇，就算是大公司少數僅存的優渥工作也不再有這種待遇。現存的新工作年限已經縮短；舉例來說，在法國，年紀在五十五到六十四歲間的男人，只有三八%的比例擔任有給職工作，全歐洲也正朝向這個水準發展。多數人的正職工作將會在五十五歲時結束，運氣好的話，還可以再活個三十年。不管是政府或個人的退休計畫，現在都不可能讓你在退休歲月過得很悠哉。現實的情況是正職結束後，我們還得繼續工作，不過多是些零碎性質的工作，類似組合性的工作，而非任何全職型的正式工作。這些工作會讓我們保持健康、有用，而且不拖累子女；畢竟所謂退休這個字眼，大概沒多久就要絕跡了。

不過，矛盾的是，企業現在擔心組織外的生活是如此吸引一些追求自由與獨立的人，因此它們對人才的流失更加害怕。它們並不想讓個人擁有如此高的自由度，一家大型跨國企業的董事長私下告訴我：「我擔心的是本公司對有為有守的青年，一點吸引力都沒有，他們就算進來也待不久。我最重要的工作就是盡快改善這個情況。」

為了留住最佳人才，企業組織已經開始提出誘人的未來職業發展機會。舉例來說，它們了解到人才最想要的就是休個長假。我的兩個朋友最近結了婚，他們的工作充滿挑戰，組織的要求也高，因此他們決定在結婚的第一年環遊世界。他們告訴我要賣掉公寓，離開工作崗位，帶著不定期環球機票，不預先做任何計畫的飛向世界。

我說：「你們真夠勇敢，在這個職業生涯階段離職。」

他們說：「哦，還好啦。公司答應我們留職停薪一年，回來後職位、年資照常保留。」

未來人們的生活會分割成更多塊，密集又累人的專案計畫會與休長假交互出現，這些假有的是公費，有些則是自費。早期倫敦商學院的史隆管理在職進修班，平均招收二十名學生，全部由公司出錢。目前這個進修班規模擴大一倍，學費漲了五倍，但有一半以上是自費生。當年第一期進修班的學員全是男性，現在男女比例則是二：一，雖然沒有各占一半，也很接近了。其實這是反映社會現況，因為男女個別的生活差異已逐漸拉近；更多女性投入資訊業及服務業，更多男性有時間照顧小孩或烹飪，姑且不論他們想不想做。

公司變成俱樂部

讓事情更加複雜化的是，行動電話、電腦及網際網路不只改變我們的工作方式，也改變我們的工作地點。因此，組織正在思索究竟誰還需要辦公室，畢竟辦公空間是一項資本財，而一週有一百六十八小時，實際使用時間卻不到十二小時，有時不過是當作郵件寄送處罷了。比爾蓋茲預測在二〇五〇年前，五〇%的勞動人口將會在家工作。英國就業局的一項調查顯示，二三%的英國勞動人口已經有部分時間是在家工作，另外有三八%的人也想這麼做，這項結果對有些人來說可能有點訝異。但更讓人驚訝的是，這些人多數認為雇主也很高興他們在家工作。未來的工作形態可能已經比我們想像的更快來臨，比爾蓋茲的預言恐怕不用到二〇五〇年就已經實現了。

因此，我們可以預期會出現更多類似俱樂部形式的辦公室，不同於以往那種像是迷你公寓的辦公場所。俱樂部只准會員及貴賓進入，各個空間則是以功能來區別（用餐、會議、閱讀等等），並且是對眾人開放，而非指定使用。你可以預定一間私人套房，為特定目的使用一段時間；但是在俱樂部內，你不可以把名牌掛在房門上，除非你是工作人員或現場經理。

組織成員將會利用新的俱樂部工作場合來開會、交際或進行其他個人工作，但是不會再擁有一個私人辦公空間，因為這太昂貴了。愈來愈多的人們將變得和教師一樣，一天多數的時間是在和客戶接觸，有一個會面場所，但多數的準備工作則是在家完成。俱樂部形態的辦公室是一個網路中心，包括個體戶及受雇員工。事實上，你已經不太容易區分出一個專案團隊內誰是編制內員工，誰是臨時人員。在專案存續期間，大家都是俱樂部會員。

人們或許會感傷個人辦公空間的失落，不過，大家很快就會適應新的工作方式。他們開始重視個人自由，以及不必隨時要在辦公室露臉的解放感。為了彌補個人辦公空間的失落，我們可以想見組織將會投注更多心力，讓俱樂部更誘人及舒適，甚至奢華；美食、健身房，甚至過夜套房更是一應俱全。這意味著商業建築的形態將逐漸改觀，我們居住的城市天際線亦將換上不同風貌。許多廢棄的辦公大樓如今已經改建為內城區的公寓。

當然工廠還是會存在，但拜自動化生產所賜，許多重複性的工作將不復存在。雖然不再有生產裝配線，但卻有客服中心及二十四小時超級市場取而代之。這些新型行業不見得好玩，也未必有助個人成長；它們只代表某種手段，不是一個職業，也從來不是一個人生活的重心。兼職或輪班工作一直受人歡迎，因為你可以有時間做其他自己有興趣的事，工作只是其中一項活動。許多男性都很訝異，因為調查顯示女性總是偏愛兼職工作，其實工作向來並非女性生活的重心。

在另一個極端，我們看到的是獨立企業主及創業家的興起，他們是一群希望能無中生有的人。「第一個星期二」（The First Tuesday）這個自發性組織在全歐洲三十多個城市，發起一群未來的企業家定期聚會，這是一個青年創業的搖籃，激發二十多歲年輕人的創業熱情。雖然網路公司的泡沫化潑了創業者一頭冷水，但澆不熄人們創業的熱情。在英國，坎密斯崔（Chemistry）也集合創業家及風險資本家定期聚會，他發現這種聚會通常都會吸引上百位未來及現任的創業家前來。

未來是大象的世界，但跳蚤是贏家

在脫離受雇的二十世紀後，我們將何去何從？工作形態更加多樣化、人們的選擇更多、我們要負擔的選擇責任也就更重。如同西里爾・帕金森（Cyril Parkinson）很早以前就提出來的，工作已將剩餘的空間擠壓殆盡，但是所發展出來的工作形態卻千變萬化，有的還不見得是有給職呢。以前的大象型組織仍然存在，只不過現在瘦身多了，而且他們被一群跳蚤圍繞著：小型獨立供應商、小承包商、顧問、諮詢師及一些新創業者。組織內部亦復如此，你將發現組織鼓勵個人為自己的將來負責，發展自己的專長、並向專案或團隊負責人自我推銷。在這種世界裡，無論是在組織內外，個人的思維及行動必須像是一個獨立的才子。這樣的世界，乍看之下似乎是一個大象的世界，然而出人意料的是，跳蚤或許才是真贏家。

在本書第三部曲中，我將描述個人在經歷近三十年的組織生活後，如何成為一個個體戶。在我們正進入這個更彈性化的世界中，我們每個人都必須經歷這項轉變。像接受組織式學校教育的我一樣，人們將發現要為自己的職業生涯負責是一項挑戰。其中的佼佼者將享受到自由與機會，其他人則發現組織外生活大不易且殘酷。像我一樣，他們將必須學習如何推銷自己並自我定價、如何安排自己的學習發展，以及如何平衡自己的生活。現在還沒有學校在教這些東西，只有前輩的親身經驗及教訓而已。

第六章

資本主義面面觀

photograph © Elizabeth Handy

在我踏進資本主義社會賺錢糊口前，我總認為資本主義不是個好字眼。我們多數人不會自認為是資本家，但如今如果我們在全球各地工作及生活的話，我們等於是默認資本主義這一套價值觀。在我展望未來之際，我無法忽視這個已然成為西方世界實質宗教信仰的主義，而它在東方亦日形重要。

美國社會歷史學家法蘭西斯·福山（Francis Fukuyama）曾說，每個社會最終都將是自由民主與自由市場資本主義的集合體。他的著作《歷史之終結與最後一人》（*The End Of History*）正說明他的觀點，這本書並不是凱旋主義的理論著作，他對最終的結果也沒那麼感興趣。長期來看，即使是人民想要的東西，也不表示符合他們的最佳利益，但民主政府總是想做到「民之所欲，常在我心」，這樣它們才有可能繼續執政。福山把未來社會的住民描述成躺在地上曬太陽、等人搔癢的狗；如今我們稱之為焦點團體政治。

我並不苟同福山先生對民主或資本主義的宿命看法，資本主義潛在的危機來自其崩潰後所遺留給我們的惡果。我過去常擔心民主會摧毀資本主義，因為資本主義所產生的貧富不均，會使我們回復到國家主宰的社會主義或是窮人專政；然而，如今我擔心的是資本主義會讓民主政治變成多餘，因為人們發現市場的力量遠大於選票。二十年之內，我們就可以知道何者將會左右我們的生活了。雖然並不樂觀，但我只希望能及時補救資本主義的缺陷。

我對資本主義的觀點主要來自於我在三個截然不同的地方生活經驗：新加坡、美國及印度的喀拉拉邦；當然，也包括英國及歐洲的經驗。橘越淮為枳，我發現資本主義也是各地不同。問題在於各種資本主義的差異會持續下去，還是會被美國這種強有力的資本主義壓制下去。不論結果如何，資本主義會讓窮人變富，還是窮者更窮呢？它會壓制個人主義，扭曲我們的價值觀及行事優先順序嗎？或者如某些人所說，它是通往自由的唯一道路呢？自由與平等能調和嗎？還是我們要疾呼法國的自由、平等、博愛呢？（這些美德在現代社會都很難完備呢！）我這一生在各種不同資本主義文化中工作與生活過，但我至今仍無法解答這些關鍵問題；然而，如果我們找不到答案的話，這整個大象與跳蚤的世界將會分崩離析。

新加坡

我第一次見識到相當英式的資本主義是在四十五年前的新加坡。

當時是我剛進殼牌石油馬來亞分公司的第一年，有一天我接到通知，總經理召見，要我前往新加坡的區域總公司報到。當然，當時並沒有說明召見的原因。不論古今，組織向來都喜歡營造一股神祕的氣氛。等我到達時，心裡忐忑不安，不知自己做錯什麼事，總經理表示倫敦要求新加坡任命一位區域經濟分析師。總經理說：「我希望你做這個工作，即日生效。」

「但我不是經濟學家啊，我學的是拉丁語及希臘語。」

「可是你有拿到大學學位，對吧？」

「沒錯。」

「那就好了，沒問題的啦。」

接著他就請我出去了。

我到新加坡鬧區買了本名為《自修經濟學》（*Teach Yourself Economics*）的小書，然後就開始閱讀。那時我才了解到，學位不是一項資格認定，它只是學習的證照。就在第二個禮拜，當時正在新加坡大學任教的帕金森教授，同時也是帕金森定律（**Parkinson's Law**）[14]的創始人，發函邀請殼牌石油的人參加一個探討「石油的未來」研討會。公司說：「你是經濟學家，你就去吧。」這讓我又發現另一個道理，那就是教學相長。我常想那時聽我這個半吊子講課的學生運氣真背，但我也發現透過教導別人，是發展思考力的一種絕佳方法。

我很快發現，總部設區域經濟分析師的用意，是要加強財務預測的專業性。當時是一九五六年，根據過去趨勢來猜測未來的預測方法正逐漸式微。總部要求

14　編注：此定律描述組織官僚主義現象。

國內生產毛額要按地區別細分成各項目（我是從那本小冊子上得知GDP就是國內生產毛額的）。不過，當時新加坡仍是英屬殖民地；人口、職業、貨物生產及交易等統計資料很多，但是都沒有換算成貨幣單位，因此整體經濟產出也無從得知，我只得盡可能把它給算出來。

我認為自己做的並不好，但我倒是學了不少財富以及創造財富的相關知識。我發現當時的新加坡殖民政府對這個課題並不特別感興趣，行政、法律及國防就夠它們忙了。事後我回想，說也奇怪，殖民政府和過去的共產政權也沒什麼不同。它們最在意的還是計畫與控制，而非企業與個人精神。

李光耀的豪賭

新加坡當時是一個營運良好的貿易中心，它本身幾乎不生產貨物；這是一個滿是僕人及小店主的城市。人民生活貧苦，與外國人截然不同。我的經濟預測並沒有指出會有太多的經濟成長，同時新加坡的繁榮未來似乎與新近獨立的馬來西亞緊密相扣。我認為要創造財富，首重投資、主動且技術熟練的勞動人口，以及政府對基礎建設的公共支出（包括高等教育）。但是，英國政府對這些事務都沒有太大的興趣。

我在一九六一年離開新加坡。三十年後我重返星洲，空服員遞給所有乘客一份簡介，封面是新加坡最繁華的烏節路（Orchard Road），看著看著就讓我回想起當年的模樣。接著我注意到標題：「新加坡：一如過往。」世界上多數的城市在三十年後再度造訪時，都不會有太多改變，不過是多了幾棟新建築物，改變天際線而已。我在這個嶄新的新加坡裡迷了路，所有舊地標已經消失，只有象徵殖民時期的大教堂及板球俱樂部還在。我心想新加坡人現在比英國人來得富裕，同時經濟發展也較快。它的人口約和愛爾蘭及紐西蘭相當，並沒有天然資源，但它的發展已經超越英國。

新加坡最早是加入馬來西亞聯邦，但當時的行政首長李光耀認為新加坡會被聯邦其他州壓制，因此很快就脫離聯邦自立門戶。李光耀在他的回憶錄中寫到，新加坡宣布獨立後，他幾乎是夜夜未眠，憂心自己的決定是否正確。新加坡這個蕞爾小島什麼都沒有，連水都沒有，還得靠馬來西亞用大水管跨海送水。他把新加坡的未來賭在它的人民身上，而人民正是新加坡的潛在智慧財產。

李光耀的豪賭絕對是正確的。當我第一次遇見這位在劍橋受教的激進律師時，他還叫做哈利．李（Harry Lee），他證明資本主義可以在一個世代內點石成金，把一個第三世界的國家轉變成有能力和第一世界國家競爭、甚至在生產力上領先群雄的國家。

刺激欲望，經濟成長不是問題

然而這一切只是統計數字呈現的情況。人民的生活真的變好了嗎？我很懷疑。新加坡多數的地區就像是購物中心的延伸，到處都是購物人潮。我省思所謂的新國內生產毛額，也只不過是「珍道具」（chindogu）罷了，這是日本人對不必要卻買了的東西的稱呼，我最喜歡用的例子就是買雨刷擦眼鏡。但「珍道具」

還包括不需要的皮鞋；掛在衣帽間從沒打過的二十條領帶；衝動下由亞馬遜網路書店訂的書，翻來翻去都在第一頁；還有咱們兒子偶爾上街購物發洩情緒所買的那些貴重物品。

「珍道具」是資本主義過剩問題的初兆。經濟成長需要更多人做更多消費，消費多便製造更多工作機會，工作機會多消費也多，如此週而復始，經濟成長不斷。美國在二十世紀末的經濟榮景，就是拜此經濟循環成長之賜；雖說偶有景氣小幅波動，但總的來說，過去五十年的全球經濟也是以這個模式在發展的。人們很難想像資本主義會有什麼問題。

只要人們的欲望無窮無盡，經濟成長也就不成問題。需求一減退，資本主義便停滯不前，也就是說人們不會超越需求做不必要的消費。消費需求不振是日本在一九九〇年代的問題，當時日本政府甚至考慮發放提貨券來刺激消費。新產品或產品升級都會挑動我們的購買欲，維持消費需求的不墜。另一種欲望就是別人有我也要有，要不就是有別人所沒有。流行與羨慕，在廣告的推波助瀾下，深深刺激了消費需求。

像我這種不是什麼經濟專家的人，都能了解「珍道具」對提供就業與消費支出貢獻良多；但我擔心這些非必需品的浪費，不只是浪費人們的時間，也浪費物資。沒日沒夜的在購物中心，看著商家促銷「珍道具」，就算是上等貨，消費者肯定也得不到什麼樂趣。同樣的，對生產者來說，不論是工廠作業員或是網站客服中心人員，他們也不會因為生產非必需品而感到滿足；就算這種工作能養家活口，但這種人生缺乏意義。

得花兩倍力氣，才能維持現狀

我同時也擔心這世界將變成一個富者愈富、貧者愈貧的社會，資本主義似乎無法矯正這個失衡現象，甚至只會愈弄愈糟。然而，在果決的領導中心下，新加坡體現資本主義扶弱濟貧的價值。在三十年內，資本主義讓新加坡全體人民脫離貧窮，但也產生新的問題。

新加坡一位年輕的華裔銀行家告訴我：「說也奇怪，我現在的所得至少是家父當年所得的五倍，但我的雙親有一棟花園洋房、一位佣人及一部車。現在的花園洋房既稀有又昂貴，我住在一個五樓公寓內，沒有請佣人。我也沒車，因為光是行車許可的價格就已經可以買一部車了。家父以前每晚六點回到家，我多數時候要過晚上九點才能到家。我不知道究竟誰比較富有，我還是家父？」

這就是成功的資本主義另一個問題：你得費勁的花兩倍的力氣努力游，才能維持現狀不退。如今雙薪收入加上更長的工時，才能相對維持當年父母親那一輩單薪家庭的生活水準。在此必須強調「相對」這個字眼，因為很少有人願意再回到當年父母親那時的生活條件，人們所緬懷的只是當年悠閒緩慢的生活。現實的情況是，我們是和周遭的人比較，而不是和過去或父母親比較。富裕的長河或許會帶著我們一起流得更快，但如果我們不放眼河岸，只注意周遭人的話，便不會感覺到自己在移動。

沒人會因為經濟成長而感激政客，所以政客們就只得一直失望了，不過他們也沒什麼好訝異的。我們才不像政客一樣喜歡回顧當年勇，我們是活在當下的。再說，如果經濟成長帶來更多人口，富裕之河將過於擁擠，壓力與競爭都將變大。有些人就會像我一樣離開河道，坐看廝殺。但如果大家都選擇當出水芙蓉的話，經濟就會停滯不前，人們很快將開始抱怨道路維修不足、健保醫療品質惡化、學校教育功能不彰。這些經濟基礎建設的經費是來自河中奮力向前游的那些人，上了岸不繼續游的那些人，不可避免的將成為寄生蟲。

當我走在新加坡乾淨、安全的街道上時，我發現自己也找不到這些問題的答案。再說，新加坡當地人也不怎麼煩惱這些問題，多數人似乎滿喜歡他們目前的生活。就算是前面那位和他父親比較的朋友，他的心情也只是戚戚焉，並沒有生氣或懷舊。新加坡人似乎以自己的國家及成就自豪。

新加坡政府控制太嚴

西方人承認新加坡在經濟上的成就，但往往抨擊新加坡的鎮壓異己，他們認為新加坡政府控制太嚴，人民過於順服。有人問我：「你現在想住在新加坡嗎？」對不關心新加坡政治的外國人來說，新加坡的優點很多。新加坡的辦事效率一流，毒品及暴力案件罕見，管理完善、警備森嚴，看不到什麼弱勢階級。新加坡政府的許多作為都相當有道理，譬如公務員及各部會首長的薪水相當高，高到民間才幹都被吸收到政府部門去了。新加坡的退休制度是自給自足的典範，個人所得有三〇%提撥到中央公積金（provident fund），每個人都可以向這筆基金貸款，例如房貸等。多數外國人都同意，新加坡是一個做生意及發展年輕家庭的好地方。

要深入體會新加坡，你就得拋棄英美式資本主義的個人化假設，這種資本主義是植基於個人的野心與需求。李光耀已經證明不同形式的資本主義，在特定的情況及文化下也能行得通，他稱之為指導型資本主義（guided capitalism）；但我卻認為比較像是公司型資本主義（corporate capitalism）。治理新加坡就如同管理一家大型公司一樣，它的假設是對公司好的事，也對個人有益，完全不同於英美的個人主義傳統。新加坡的政治制度是，國家未必是人民的公僕，但人民卻要為國家奉獻犧牲。新加坡不適合心智獨立的跳蚤或鍊金師。

事實上，新加坡政府目前擔憂的也正是這個問題。他們需要更多的創造力來延續經濟成長，李光耀目前是退而不休，他就說過現在說不定該是放鬆政府管制，允許更多個人意見表達的時候了。宏觀調控與個人主義是否能成功調和，或是個人主義會鬆動一個井然有序的社會，這項有趣的發展值得我們關注。

我即將發現，美國是一個很不一樣的地方。

美國

我在一九六六年時首度抵達美國，那時三十四歲。對許多人來說，美國是一個神祕的地方。當時，到佛羅里達或加州度假很普遍，企業主管也不急著搭飛機去紐約開會，反倒是寧願等廉價機票。當年我是要去麻省理工學院，學習商業理論與實務；當時美國的商業發展及商學院都是全球仰慕的對象。

一九六六年的英國就不是這麼一回事了，當時英國沒什麼像樣的商學院，商業也不被認為是值得研究的一門科學。當我告訴一位朋友我要去麻省理工學院進修，好準備加入未來的倫敦商學院時，我這位朋友看起來有點困惑，他問我MIT是否代表著蒙特婁打字學院（Montreal Institute of Typing）。在那個時候，多數英國人一想到商業學校，就以為是祕書養成學校。

美國人了解一切操之在己

那時，我很喜歡美國，我喜歡他們的開放與友善。我很高興他們不是英國人，他們不看你出身高低，你就是你。他們的澎湃熱情，甚至是怪異的大嗓門都溫暖了我的心。不過，我的美國行算是出師不利。當時我結婚四年，我和內人帶著一個出生僅六週的新生兒同行。當年稍早，歐陸爆發小規模的天花流行，為了避免移民官員質疑，我事先準備好醫師證明，指出我家小朋友年紀太小，還不能打水痘疫苗。移民官果然質疑，但並不滿意我的答覆。

抵達美國時是一個燠熱的下午，移民官滿頭大汗、一臉疲憊。他說上級指示，任何歐洲前來的旅客，未經注射疫苗一律不准入境。我們必須自費待在醫院的隔離室五週接受檢疫，我們只得爭辯、講理外帶求情。最後這位移民官同意讓我們入境，先決條件是我得代表麻省理工學院簽署一份文件，內容是一旦我們感染天花，必須免除美國政府可能高達一千萬美元的賠償責任。天知、地知、他知、我知，我哪有權利代替麻省理工學院簽什麼文件啊，但最後大家各取所需，他對職務有交代，我的小孩也能隨我們入境。

事後我反省這件事，它其實告訴我美國的許多特點。令我印象深刻的是，在一個龐大組織中，這麼一位低階的移民官竟能如此通情達變，自己想到這麼一個有創意的辦法來解決問題。他根本不需要去請示長官，這也是我在美國隨處可見的個人責任感與進取心。這些特質並不只顯現在工作上，美國人似乎了解人生操之在己，絕不假手他人。在一個運作良好的社會中，美國人認為福利國家是不需要的。人們一直告訴我，英國全民健保局是一個暮氣沉沉的單位；把自己的健康託付給一個對它莫可奈何的組織，真是一件糟糕透頂的事。

用金錢衡量一切

我對於金錢可以解決我們入關時的困境也是同樣感到震驚。我不是指移民官受到金錢的影響，而是他想到一個用錢來解決的方法。我在美國碰到的許多事物也是透過金錢來衡量。你混得如何？這句話通常是指你的薪水多寡，你的專業收費標準為何，或你個人的淨值（身價）多少？想競選公職？你得找到一大筆財源。你意外受傷？找個對象提告，爭取金錢賠償。你想要回饋社會？捐助大學講座或贊助藝廊吧。

英國清教徒在一六二〇年搭乘五月花號移民美國之後，一波又一波的清教徒帶來一種觀念，你賺的錢就代表你生而為人的價值，你應該感到驕傲，而不是羞愧。工作是正當的，正當的工作應該比不好的工作要賺更多的錢，因此更多的錢代表更多正當的成就。我不太確定這個三段論法如今是否存在，但是「金錢有用而且不可恥」的觀念，卻是美國文化根深柢固的一部分。說也奇怪，這個觀念竟然是一群英國禁欲主義者所傳下來的。

我來自一個最好不要談錢的世界，一個重節儉、樸實的世界，在此金錢或許能讓人糊口維生，卻無法讓人參透人生意義。美國一開始也感受到物質主義的震撼，但隨即自在的解放了。

我不必因利用個人才華賺錢或隨意用錢而感到羞恥，光是這點就讓我興奮莫名。如果我賺大錢，就代表我和任何利他主義的行業一樣，對這個世界有良好的貢獻。如今我會收斂一下當時的這種激情想法，但我也能了解當時美國人為何如此熱烈的擁護他們的純資本主義社會。美國是一個充滿矛盾與困惑的新世界。

抵達美國一週後，我上了經濟學的第一堂課。教授開宗明義的闡述任何企業明確不移的目標：「追求股東中期報酬極大化」。我再度注意到，金錢又成為一個衡量標準，只不過這次是衡量一個企業的成敗。不論是當時還是現在，我都認為這種想法過於單純。包括我在內的多數人工作時心中並不會有股東；我也不認為人們應該這麼想。

為什麼股東這麼重要？

任何企業都有多重目標，包括提供客戶優良的產品價值、提供員工適當的職務及個人成長機會、投資未來的一系列產品、敦親睦鄰、重視環保，當然，還要確保公司的投資人投資回本。如果以為這些常常互相衝突的目標全都會體現在股東價值上的話，那也未免太天真了。高層管理的特殊困難使命就是要調和這些目標，不能順了婆心、拂了嫂意。

有一回我參加一個私人研討會，發現自己坐在俗稱「彈鏈阿爾」（Chainsaw Al）[15]的華爾街寵兒阿爾伯特・杜萊帕（Albert Dunlap）身旁。他之所以有這個

15 編注：杜萊帕曾經戴著一串彈鏈拍照，因而得到這個稱號。

稱號，就是他因為夠狠，只要有任何成本或人事拖累公司獲利，他絕不留情，一定砍掉。當他宣稱公司存在的唯一目的，就是要在最短時間內，把最多的錢還給股東時，我用我的英國腔大聲且不自然地喊出：「胡說八道！」艾爾毫不給我細說分明的機會，他轉向我：「那正是你們國家的問題，貴國的企業領導人未認清本分。」三年後，艾爾的公司倒閉，我一點也不訝異；艾爾得為此事負責，他對部屬無情，部屬自然視他如寇讎。公司沒了未來，艾爾當然也丟了飯碗。

我到現在還是搞不懂，為何股東在英美式資本主義中占有如此重要的分量。實質上來說，公司的真正所有人也不見得是股東；在多數情況下，他們也不見得有真正出資。公司成立之初的股東是有拿出錢來換取股票，但自此之後，股票在次級市場轉手，不再有更多的資金流入公司。股東不是在投資公司，而是拿公司當賭注。股市充其量不過是次級市場罷了，它已經和真正的企業經營脫鉤。

不過，公司的確會在乎股價。如果公司股價高，它就可以用股票去購併其他公司，或是籌措新資金；假設公司股價太低，就會有被其他人併購的風險。所以你別看公司董事長好像對股東念茲在茲，其實有些股東他連見都沒見過，他心裡真正想的是股價，而股價則受到公司利潤、股利發放及公司前景的影響。此時金錢化身為股價，而公司成敗就靠股價來論英雄了。

股價是公司在資本主義中的通貨，尤其是美式資本主義。公司用自家股票去買其他的公司，這是公司成長最快速的方法，可以彌補公司策略運用的不足，說得刻薄點，也是居上位的人更上層樓的手段。然而，研究一直顯示，約三分之二的合併與收購並不能帶來附加價值，唯一獲利的人是擁有被併公司股票的人。讓我煩惱的是，這整個過程是把公司當成貨品一樣來買賣，絲毫不在意當事員工的感覺。

我離開殼牌石油後，在美國一家公司做了一年事。這是一家位於南非的美商採礦公司，總部設在倫敦，這家公司想把南非的部分資產移轉出去。我受雇擔任經濟分析師，沒想到當年在新加坡的誤打誤撞，竟讓自己改了行。我上班的第一週結束後，上面交給我一堆公司報告，全部是用法文寫的，還有一些是南非文寫的。上面交代：「約翰尼斯堡的大老闆哈利（Harry）想把南非的部分資產用來換取法國的資產，他想知道這筆交易划不划算。」我盡力而為，絞盡腦汁，很高興的算出來這筆交易會讓老闆虧兩百萬英鎊。我心想，哈利一定很高興我救了他。

翌日，哈利的副手在回南非前來拜訪我，看看我算得如何；我告訴他我很擔心會虧損兩百萬英鎊。

他說：「兩百萬而已，小意思，哈利一定會很高興的，才賠兩百萬就能在歐洲取得立足點，這根本算不了什麼。」

股價凌駕一切

我發現自己已涉入財務管理（corporate finance）的領域，在這個領域中，公司不過是達成目標的手段罷了。我必須承認我在計算與規劃時，並未將牽涉在內的相關公司員工考慮進去，我甚至不知道這些公司在哪裡。能做這些關係重大的計畫分析的確誘人且刺激，但以我一個試用人員的身分來說，我的權力太大了。

公司在紐約或倫敦的資深分析師都比我來得能幹，但就考慮當事員工利益這件事，我想他們比起我也好不到哪裡去。

再說，股價就像是一個善變的情婦。一時的道聽塗說及企業的實質表現都會造成它的起伏波動，就算一些流行股從未宣布獲利過，它們的股價也可能因市場謠言而狂飆。此外，股市本身也受制於供需理論的影響。更多的錢投入股市追逐相同數量的股票，股價當然會上揚，和個別股票的表現無關。相反的，如果對股票的需求減少（或許是因為政治的不確定性或害怕經濟衰退），那不管個別股票的表現如何亮麗，股價仍會下挫。一九九〇年代的股市熱潮促使許多美國人借錢買股票，如此一來擴大了對股票的需求，造成股價更往上衝。如果哪一天美國政府決定將資金不足的社會福利制度予以部分私有化的話，每年就會有約一千億美元的稅收流入市場，把股價抬得更高；相對的，如果一般民眾憂心政經情勢，決定拋售手中持股的話，那股價就會下挫。

把股市這個賭場當作整個社會創造財富的系統似乎不合邏輯，甚至荒誕不經。奇怪的是，從二次大戰以來，股市在美國或多或少還是持續發揮一定的經濟效用。企業主將企業公開上市，使自己成為大富翁；主管表現好，可以使用股票選擇權，以優惠價格買進公司股票；一般個人則是借錢投入股市。受薪階級想著功成名就，紛紛投入商業市場逐夢，他們都想自行創業，擴大公司規模並提高生產力。追求個人財富至今仍是推動美國資本主義向前的原動力，財富讓個人可以享受自己想過的生活，買到市場上自己想要的選擇。

貧富差距加劇

另一件奇怪的事情是，最有錢的人賺的錢不是拿來花的。無論是誰，不管他多麼揮霍，他都花不完全美國最富有那些人每年幾千萬的年薪。根據《富比士》雜誌在一九九九年所做的統計，全美最富有的人當中，有二百六十八人是億萬富翁，你起碼要有六億兩千五百萬美元才能擠上這個排行榜。這個門檻數字本身就是一個目標，一個獎品。通常這些超級有錢人會緊抱獎品不放，得意於自己的功成名就，衣著樸實，不露富態。他們把這種錢稱為「隱形財富」（stealth wealth）。有的人則比較喜歡曝光；英國人表彰成就的方法是頒授爵位或冊封騎士，美國人則時興自我犒賞。有的人炫耀自己的莊園或遊艇；有的人捐贈基金會或博物館，以便列名其上，他們拿賺來的錢去換取流芳百世，獎勵自己。老實說，我不認為這樣有何不好。

然而，事情絕不像表面如此順遂。多數美國人需要錢過日子，而不是拿來當獎品，因為他們的錢都已經不夠用了。當尋常百姓看著這些鉅富每年賺到的錢，再和自己賺到的錢一比，不禁要懷疑這是什麼制度，同樣都是在同一個行業工作，為何公司高階經理人拿的錢超過一般藍領階級的五百倍。我們可不是在說運動明星喬登（Michael Jordan）或比爾．蓋茲之類的企業家，而是一般受薪階級的公司主管。一般人不免心想，憑什麼大家都在同一間公司工作，一個人的工作價值竟然是另一個人的五百倍，這是什麼道理？一個人真能有這麼大的本事？

統計資料顯示，在美國經濟榮景期，多數美國人的實質盈餘並未大幅增加。

一九九〇年代股市獲利的八六%只流向全美人口的一〇%，其餘多數人都未受惠。美國聯邦準備理事會發現，雖然在一九九五到一九九八年間，中間所得家庭的資產淨值增加一七．六%，但是家庭財富仍遠低於一九八九年時五十五歲以下的全部所得團體水準。換句話說，現在必須要雙薪才能維持住當年父母親單薪就能享受到的生活水準。就統計上來說，美國是全球所得分配最不平均國家的第二名，僅好過奈及利亞。美國似乎驗證了經濟發展愈快，貧富差距愈懸殊的理論；原因在於現在是一個比知識與技能、不比肌肉的時代，所以窮人就被甩在後面了。

美國人為何不擔心貧富不均？

表面上看來，這似乎有利社會主義的發展；然而，沒有一個社會主義的政黨在美國的選舉中得票超過八%；美國主要的兩大政黨都致力於發展一個資本主義社會。美國窮人真是夠窮，但他們不會起而革命；就算是統計數字顯示中產階級正被淘汰出局，但中產階級自己卻不這麼覺得。我常在美國象徵資本家壓迫的市中心閒逛，然後我又到經過整理但治安欠佳的郊區走走，我一直納悶，為何美國絕大多數的窮人並未如我深信的那般，擔心資本主義的致命傷，也就是貧富不均的現象呢？

我相信這個問題的答案是專屬於美國的，這要回溯到早期的清教徒，以及他們認為努力就能獲得救贖的觀念。由於這種觀念並未讓上帝的慈悲有發揮的空間，這種神學觀念當然被認為是不好的，但是清教徒不過是比較不尋常的基督徒罷了。他們的教義是自己的命運自己掌握，不得怨天尤人；清教徒也認為人類有責任在地球上建立一個世俗的天堂。清教徒的領袖督促信徒建立一個模範社會，「一個建立在山丘上的城市」。他們覺得我們在現世的責任，就是要改善上帝的造物結果。

美國文化最具活力的特色之一，就是認為明天一定會更好，但對已經感到厭倦的歐洲人來說，黃金時代已經過去，世事只是逐漸衰頹而已。除此之外，加上美國特有的開創新生活的移民文化，在在使得它的人民樂觀地相信，總有一天，他們的日子也會和周遭人一樣好。其他資本主義社會可能會造成負面效果的妒忌心理，在美國卻是奮鬥與希望的原動力。位於職場位階底部的變化也強化上述這項觀察；過去一年，超過一半的職場低階員工都往上爬了一到二級，其他人則向下沉淪。

這種職務的變化告訴低階員工，只要肯努力就有機會。然而，這個希望帶有恐懼，因為美國的社會福利體系並不能充分照顧失敗者。我省思，或許就是這種機會與恐懼混合的感覺，點燃美國的衝勁與活力。然而，如果混合的比例產生變化，像是恐懼超越了機會（往往在經濟衰退期會發生），那美式資本主義就會亮起紅燈。這一切必須仰賴美國的政治領袖，運用智慧來維持一個巧妙的均衡。

美國人自掃門前雪

美國人給我的感覺是，他們信任自由市場的機制能改善他們的生活，而不是把自己的未來託付給政客。美國評論家湯瑪斯．佛蘭克（Thomas Frank）在二〇〇〇年出版《市場大一統》（*One Market Under God*），敘述他對目前市場的憂慮，他認為「市場比選舉更清楚且更有意義的表達一般大眾的意願」。果真如此的話，窮人等於是被剝奪公民權，但他們似乎不以為意。美國人只有在政府把支出用在海外投機活動時，才會開始關心政治。國內的問題則通常是在個人的層次上，透過運作及金錢很快的解決掉。如果選舉也改變不了太多的話，何必投票？這就是一個很大的矛盾，美國是世界民主先驅，但竟然有五〇％的人不去投票，資本主義正在侵蝕民主。

有差嗎？我認為有差。這種資本主義會孕育出一個自私的社會，一個自掃門前雪的社會，一塊朱門酒肉臭、路有凍死骨的土地。我最近一次應邀訪問美國，接受招待住進一家五星級飯店，結果電梯竟然不停我的樓層。我向櫃檯抗議，櫃檯小姐說：「抱歉，我忘記給你俱樂部樓層的鑰匙了。你把鑰匙插入電梯的鑰匙孔中，然後按下你住的樓層即可。」這是不需負責任的一種特權，也是一種高級享受；雞尾酒、點心招待，頂樓用早點，不必和其他房客在地下室擠著用餐。

我想這就是現代美國的生活寓言吧。每個人都隔離在自己的領域中，很少與低於自己這一層的人接觸，也不關心他們的生活。政客在競選時，不會談論太多有關兩百萬人關在獄中、街頭及校園槍枝毒品氾濫、環境汙染及種族對立激化等議題；他們談的是能為你做些什麼，完全針對你個人作訴求，而不把你當作社區的一分子。

對美國社會有這種莫管他人瓦上霜感覺的不只我一人，許多傑出的美國人亦有同感。政治學者羅伯特．普特南（Robert Putnam）的醒世著作《獨自打保齡球：美國社群的崩頹與重整》（*Bowling Alone*），批判美國人的誠實與信任感已經崩潰，由於殘酷的個人主義及獨行作風盛行，互助的社會資本主義也正面臨危機。亞當斯密一直主張，市場機制根植於同情心，不但要照顧周邊鄰里，還要與弱勢族群共享成果。如果失去了同情心，那就等於摧毀市場機制交易的最終基石。

另一位同感憂心的傑出美國人是諾貝爾獎得主羅伯特．佛格爾（Robert Fogel），他擔心的是美國人因物質富裕所衍生出的心靈貧乏問題。然而，他強調的並不是美國人缺乏精神信仰，而是缺乏自信、家庭責任感、自律、重視品質等特質，最重要的是喪失了使命感。他指出一旦人們衣食足，才會知榮辱。

歷史經濟學家大衛．藍迪斯（David Landes）在他的巨著《新國富論：人類窮與富的命運》（*The Wealth and Poverty of Nations*）中說的就更不客氣了。他認為樂觀的精神已不復見，許多人認為未來會比過去還要差；狂熱主義、門戶主義及仇視等惡質文化逐漸抬頭。他引用葉慈（Yeats）的話說：「菁英分子毫無信念，赤貧階級熱情洋溢。」

咄咄逼人的資本主義

首度造訪美國後四分之一個世紀，我重返美國，並體會到藍迪斯所憂慮的一些事。美國仍是一個活力充沛、熱力四射的國度，我再度感受到在這塊土地上的機會隨處可得。但我的確感受到隱藏在豐裕後的自私；我同時也感受到敦厚表面下的不安全感，在這種情況下，先為自己打算也就很自然了。受薪的中產階級如今也開始擔心飯碗不保，因為舊社會下的工作保障已不存在，但在贏家全拿的講本事、拚創業的時代中，他們也沒得到什麼好處。

我也禁不住納悶，為何全世界七〇％的律師集中在美國，難道這不是普特南所擔心的信任感喪失的結果嗎？最近有一位朋友帶著小孩從英國來到美國，她抱怨小孩的朋友都不到家裡來玩。

我們就問：「怎麼會這樣？」

「因為小孩打鬧容易受傷，他們的父母知道我們沒有足夠的醫療保險，所以不讓他們來。」

看著我們一臉困惑，朋友解釋道：「因為一旦打起官司來，他們一毛錢也拿不到。」

我不禁納悶，小孩不能玩在一起，這是個什麼樣的世界？

最近幾次訪美，我也注意到佛格爾所擔心缺乏使命感的現象。這是一個老毛病，當你得到了，你便不再珍惜，這也是成功所帶來的一項矛盾。說來諷刺，一個很早就讓人功成名就的社會，卻會讓許多人在人生後期閒得發慌。在資本主義下，金錢可以買到很多東西，但買不到人生的意義與價值。當然，「珍道具」永遠都會引誘人們消費，但購物狂熱消退後，空虛無聊難免拂上心頭。我在著作中一再強調，一個有意義的人生是你必須超越自我，但是在自私的資本主義社會中，這卻不是重點所在。

我離開美國時總是活力十足、興奮莫名；但我也清楚知道自己不想在美國定居。美式資本主義太累人了；人生變成一場你不能退出也贏不了的長途賽跑，因為總有人跑在你前面、有更多想得到的東西、有更多超前的方法在誘惑著你。我有一些意志堅定的美國友人，他們決定自己的人生競賽、訂好自己的速度與目標；但這畢竟是少數，如果是我生活在美國，我不敢保證能掌握自己的人生競賽。

難道就沒有一種不這麼咄咄逼人的資本主義嗎？我得去找一找。

喀拉拉邦

自由市場資本主義在美國行得通，應該可以這麼說吧！它產生巨大的財富，並且持續發揮影響力，它的問題不是患寡，而是患不均。不過，美國人總是強調自由高於平等，他們認為平等是機會平等，不是所得平等。但是另外一項美德：「博愛」也正受到威脅，它變成是富人救濟窮人的議題，而不再是社會的凝聚力。

資本主義可以放諸四海皆準嗎？

美國人就像是他們國家的傳道者，他們相信美國的成功制度放諸四海皆準，我倒想挑戰一下這個假設。美式資本主義最初在俄國就行不通，它使得黑社會勢力坐大，變成一個黑手黨資本主義。沒有法律及機構來控制市場，個人式的資本主義會讓一個國家四分五裂。俄羅斯男性的平均壽命在十年之內就減少了十歲，退休者據說每月僅靠約十美元的退休金過活。俄羅斯多數地方已經退回到勉強糊口的農業社會形態；目前情勢正逐漸好轉，俄國最終也會找到一條自己的資本主義道路，但我估計至少要花上一個世代才能生根茁壯。

有了俄羅斯的前車之鑑，中國大陸推行經濟改革就顯得小心翼翼了。中國共產黨知道他們無法抗拒消費主義的誘惑，也不得不放鬆對經濟的控制，但為了凝聚整個社會，他們決心要維護共產國家體制。我去中國大陸訪問時，我感覺他們能夠發展出一種中國式的自給自足資本主義，因為中國大陸的龐大市場就已經有足夠的需求來帶動經濟，與全球市場接軌的必要性不是那麼大。其他亞洲經濟體，在一九九七、一九九八年間的金融風暴陰影下，為了避免全球市場劇烈波動所帶來的影響，只得強化其金融管理與機制來避險。

歐洲在四十年間經歷兩次可怕的世界大戰，在傳統上，它比較重視財富的公平分配與社會凝聚力，而不會把全部心思花在創造財富上。一九八〇年代的英國，柴契爾夫人開始改變這種傳統的政經思維。她當面迎擊反對勢力，打敗各同業公會，她樂見一些大而無當的工業瓦解。柴契爾想創造一個美式的個人企業文化來取代這些被她打垮的機制。

這是一個必要的改變，因為英國原先的狀況是一團糟，但是所付出的代價也很高。柴契爾夫人膾炙人口的一段話是這麼說的：「沒有所謂的社會這回事，只有個人與家庭。」依我看，其實這是很有道理的，因為每個人都要為自己的人生負責。然而，她所面對的是反對派人士大聲疾呼：英國社會的凝聚力已經受損。不平等孳生、不安全感遍布，「下層社會」這個字眼時有耳聞，我們所知的職業生涯亦不復見。利潤與財務報酬成為衡量成功的指標，國營企業被拍賣，稅賦也降低。

情況的確好轉，但醜陋的新自私面貌卻出現了。英國人民適時的以選票表達他們期望一種不那麼激進的資本主義，但他們仍只是期望。一旦個人式資本主義現身，就會像覆水一樣難收。二十世紀末的法國總理里昂內爾．喬斯潘（Lionel

Jospin）把歐洲的觀點形容得很恰當，他認為他需要的是一個市場經濟，不是市場社會。喬斯潘心知肚明，說比做容易；不過，法國寧可放棄部分經濟成長也要抗拒美式資本主義，這點歐洲其他國家也深有同感。

我希望歐洲會找到一條較溫和的美式資本主義路線，但我想了解一下全球資本主義的擴散對較貧困地區，像是第三世界的開發中國家的影響究竟為何？它是否扼殺第三世界，剝削它們的廉價勞工？還是帶給它們科技與方法，幫助它們脫離貧窮？統計數字不怎麼令人樂觀；在一九六〇年時，全球最有錢的二〇％人口掌握全球七〇％的財富；到了一九九〇年，這個比例上升到八五％，說不定現在還更高。全球有十億人口一天靠不到一美元苟且偷生。全球資本主義給他們什麼了嗎？

資本主義在印度

我決定去一個比較有希望的地方，印度，這是一個仍然奇蹟式保有民主體制的大國。我到過印度很多次，對我來說就像是一個家庭傳統一樣。我有兩位舅公曾在印度服役，他們常講一些兩次世界大戰之間印度生活的奇聞軼事。我的一位阿姨是虔誠的醫生，她在印度最貧困的比哈爾邦（Bihar）哈札理巴市（Hazaribagh）一所教會醫院任職。我去拜訪過她一次，坐著她那巨大的雪佛蘭卡車去村子裡動外科手術，村民把她當下凡天使，因為她是村民唯一的醫療支柱。

我當時對印度所面臨這麼大的問題不禁瞠目結舌：無邊無際的人潮、基礎建設匱乏，甚至連基本生活條件都付之闕如。我還記得有一天早上開車經過，看到一位婦人在路邊等巴士，當天下午我們開車回來時，她還在等，似乎非等到不可的樣子。當然，巴士早晚會來；我佩服她的勇氣，但我認為這種認命的態度似乎不能成就一個生命力旺盛的社會。

四十年前，當時的印度是一個社會主義國家，此後它逐漸成為資本主義國家。我納悶的是，印度是這麼一個不同於美國的國家，資本主義要如何運作呢？

二十一世紀展開之際，我有幸能前往印度一個獨特的地方探索。ＢＢＣ邀請我去製作三個有關喀拉拉邦的短版節目在廣播電臺播放，喀拉拉邦被視為是第三世界發展的典範，它同時也是一個旅遊勝地。我不擅長當個觀光客，歷史景點讓我無聊，逛海灘一小時也就夠了。我覺得人與生活就很有趣了，我也發現只要你帶著錄音機還有ＢＢＣ採訪信函的話，人們就會打開話匣子，滔滔不絕的講個不停。

喀拉拉邦是印度最小的邦，小歸小，人口也有三千萬，全部集中在南亞次大陸上西部邊陲的山海之間。這是一片綠意盎然的土地，不同於印度多數棕色塵土飛揚的省分；喀拉拉邦河流及內陸水道羅織，從山嶺間的茶園流過稻田奔向大海。喀拉拉是個美麗的行政區域，值得一提的是它在一九五〇年代曾選出共產黨政府執政，即使是現在的執政聯盟中，共產黨仍占有一席之地。

早年的共產黨政府採取細火慢燉的發展策略，如今已展現初步成果。當時他們稱這個發展計畫為「快中帶慢」（Hastening slowly）的手法。快中帶慢指的是先打好基礎，包括基礎醫療設施，掃除文盲、尊重女性的基本教育，成效相當顯著。喀拉拉邦是全印度生育率最低的地方，僅略高於每位婦女二・二名子女的比率，對當地語言馬拉雅拉姆語（Malayalam）的識字率高達九四％；這個識字率比英國及許多第一世界的國家還高。

當地人民既聰明又迷人，他們善用自己的優點，但也了解喀拉拉邦的弱點。喀拉拉的年輕人並未和全球經濟脫節，有本事的人在孟買或德里上班，有的甚至遠到加州、慕尼黑、倫敦；本事稍差的就去中東產油國出賣勞力，隔幾年返鄉探親一次，五十多歲時返鄉終老。

人才外流正是全球化帶給喀拉拉的一個問題。以印度的生活水準來看，留下來的人其實過得相當舒服，但是要靠海外親人接濟，或是觀光收入維生；但這兩種收入來源各有其缺點。成群結隊的嬉皮從過度擁擠的果阿（Goa）溜到喀拉拉的海灘來，我在著名的柯瓦蘭（Kovalam）海灘上碰到一些年輕人，他們一天只要兩英鎊就能過活；海灘後面的網咖旁邊，廉價出租公寓及食堂擠在一起。

喀拉拉希望見到的是高水準的觀光旅遊，並且讓觀光活動更能和當地居民生活融合，然而廉價觀光的需求的確存在，因此當地官方很難切斷供給。就算有人因此致富，但低俗的觀光業會拉低一個國家的水準。廉價觀光帶來了毒品、垃圾及買春等負面影響，降低觀光客及東道主的格調。我認為這是全球化很少有人強調的問題，年輕人的流動性增強，只要相當於倫敦到蘇格蘭格拉斯哥市（Glasgow）的火車票價格，年輕人就能把自己國家的惡質文化帶到世界各地。

海外匯款則是這個全球流動性的另一個層面。喀拉拉邦的人民和觀光客一樣有世界觀，他們的親戚都在海外各地工作，部分生活支出就靠海外匯款（喀拉拉的最大日報發行量為一百萬份，但有十萬份是寄到海外去的）。由於有海外親人的接濟，喀拉拉人民的消費能力並不低。當然，他們會把錢用在第一世界人民視為理所當然的消費品上，像是電視機、洗衣機、電腦等。在這些都滿足後，他們就想蓋間磚屋來住，買部車來兜風。

這些消費族群讓道路更加擁擠不堪，同時更多人也湧進已無工作機會的城市。最重要的是，除了磚屋所用到的磚及工人外，他們所購買的物品，沒有一件是在喀拉拉生產的。海外匯款並沒有創造當地新的就業機會，只是增加進口罷了。為了換取這些進口貨，喀拉拉只得輸出人才，有些還是菁英分子呢。

當地有名男子告訴我：「喀拉拉就像是印度的愛爾蘭。」

我說：「但是愛爾蘭人會落葉歸根，喀拉拉人何時回歸故里呢？」

我和幾位在孟買工作的喀拉拉籍年輕主管談過，他們都說喀拉拉是一個可愛的地方，他們也樂意回家探視親人，但不會選擇在那裡落腳。

我問：「為什麼呢？」

「因為那裡沒有我們的工作機會，一點也不刺激，沒事好做。」

我年輕時對愛爾蘭也抱著這種想法，我選擇離去，除了返鄉探親外，我都沒回去過。

在政府減免租稅、高教育水準的年輕勞動力，以及打進歐盟的跳板等誘因下，美國有一千家跨國企業選擇在愛爾蘭落腳，促成愛爾蘭的經濟起飛。在外資湧入的利多下，愛爾蘭當地企業也跟著抬頭，海外愛爾蘭人紛紛返鄉。喀拉拉也像愛爾蘭一樣位於一個廣大市場的邊緣，同時它也可能要像愛爾蘭一樣，需要外資刺激才能站起來。它需要一些核心企業來吸引更多企業進駐，喀拉拉邦政府已經建立一座全新的科學園區，但進駐情形並不熱絡。

不過，社會主義聯合政府卻選擇實施土地改革，把水稻田由富農手中重新分配給小佃農，目的是要讓更多人有經濟獨立的能力，同時減少農村人口外移，避免耕地荒廢。然而，土地改革屬於前工業時代的一種救濟手段，印度現在已經進入後工業時代。再說，新分配的土地面積太小，種田沒什麼賺頭。人們現在要的不是種田糊口就行了，他們希望有多餘的現金來買自己需要的東西；人們告訴我，他們要的是工作，不是土地。或許你和我想的一樣，喀拉拉邦的各項條件很適合新經濟的發展。沒有舊工業的拖累，擁有高教育水準的勞動力，以及一個美麗又富裕的自然環境的喀拉拉，其實可以直接跳進新經濟；再說，一山之隔的印度電子首府邦加羅爾（Bangalore），也可以提供發展的參考及專業協助。但這一切並未實現，我逢人就問：「為什麼呢？如果喀拉拉都辦不到，那其他開發中國家還有何希望可言？」

第三世界發展的困難

祕魯經濟學家赫爾南多．德索托（Hernando de Soto）的著作或許提供一個解答，在他的著作《資本的祕密》（*The Mystery of Capital: Why Capitalism Triumphs in the West and Fails Everywhere Else*）中，他指出第三世界並不缺企業家，要在這些國家中存活，一樣要靠聰明才智及各種企業。他的論點是，世界上的貧窮國家具有資本主義成功所需的所有條件，除了資本以外。雖然這些國家的確擁有龐大資產，但卻缺乏能力將資產轉變為變現性高的可用資本。開發中國家至少八〇％人口所擁有的資產都是非法的，像是房屋、商店及企業等，因此他稱這些資產為「不生息資本」（dead capital）。

由於這些資產存在於非正式經濟體系內，也未登記在任何合法的財產權利制度下，因此所有權人並不能用來抵押借款或予以出售，這些資產不具備生財能力，所有權人只能乾瞪眼、維持現狀。今日的世界分成兩種類型的國家，一種是財產權普遍存在的國家；另一種國家是有人可以固定持有財產並創造資本，有人則不行。正式的財產不只是一種資產登記制度，它也可以促使人們思考，運用資產來創造盈餘價值。西方人把財產權視為理所當然，然而，根據德索托的說法，全世界兩百個國家中，大約只有二十五個國家實施普世財產權，同時勞動及儲蓄也可以轉換為可用資本。

為了證明他的論點，德索托的研究團隊在利馬（Lima）市郊開了間小成衣店。為了合法營業，他們大排長龍會見各級承辦官員、填表格、搭巴士進城見官員。他們一天要花六小時做這些事，兩百八十九天後，終於完成合法登記。他們原本計畫只雇用一名員工，但是光花在營利事業登記的費用就高達一千二百三十一美元，這是最低工資的三十一倍；難怪許多迷你企業根本連登記都免了。在菲律賓，如果一個人在公有或私人的都市土地上蓋房子的話，整個建築執照申請過程需要一百六十八個步驟，牽涉到五十三個公家及私人單位，如果你要合法買下土地及建物的話，總共需要十三到二十五年。在埃及的話，農地建物登記要花六到十一年，難怪四百七十萬埃及人會選擇住在違章建築。

德索托的統計數字還沒結束，墨西哥國家統計局（Mexican National Statistics Institute）估計在一九九四年，墨國國內有兩百六十五萬非正式的迷你企業，沒有一家登記有案。這種情況在以前的共黨政權也差不多，《商業週刊》（*Business Week*）估計，一九九五年俄羅斯的一千萬名農人中，只有二十八萬人擁有自己的土地。

如果你把一國的非法資產（通常不過是些簡陋房子）加總起來的話，那數字就頗驚人了。德索托估計祕魯的非法財產總值約七百四十億美元，是利馬證交所（Lima Stock Exchange）總值的五倍；在埃及，這個數字是兩千四百億美元，是開羅證交所總值的三十倍，埃及外資總和的五十五倍。如果把第三世界的非法資產加總起來，總值將高達九兆三千億美元。

就這一點來說，美國人也算是得天獨厚。首批抵達美國的移民相當重視財產，同時在早期的財產登記上也做得很徹底。德索托認為，只有那實施普世財產權的二十五國，才能形成足夠的資本，在擴張的全球市場上獲利。其他的國家消費這二十五國的產品，卻有被摒除在富國俱樂部門外的感覺。解決辦法就是像德索托在祕魯所做的一樣，簡化財產所有權的登記過程，如此才能把資本釋放出來，給那些非正式的迷你企業的業主去創造財富。

大企業面對第三世界的新策略

德索托並未直接探討印度的問題，但策略大師普哈拉教授（C. K. Prahalad）則有觸及。在一篇原本刊登在網際網路上的文章中，他以印度數百萬窮人為出發點，說明這些人可以為大企業帶來獲利，先決條件是大企業必須重新思考它們的經營程序。

普哈拉以印度聯合利華公司（Hindustan Lever）入境隨俗的競爭手法為例，

它仿照對手尼爾瑪（Nirma）的商業手法打入低階的洗衣精市場，原本印度聯合利華認為這個市場根本買不起它的產品。它們首先大量調低產品的水油比例，從而降低洗衣水對河川及下水道的汙染，並且大大壓低成本。印度聯合利華充分利用印度鄉間豐沛的勞動資源，分散生產、行銷及運送等作業。它不僅賺了錢，還把整個小企業鏈正式搬上檯面。母公司聯合利華（Unilever）後來在巴西也如法炮製，推出自有品牌Ala，同樣大有斬獲。

窮人若想翻身，則必須具備賺取收入的潛能及獲得貸款的途徑。以下兩個社區銀行就是很好的例子：尤努斯（Muhammad Yunus）在孟加拉首創的孟加拉鄉村銀行（Grameen Bank），以及芝加哥的湖岸銀行公司（Shorebank Corporation）。這兩家銀行都充分體認到，只要你了解窮人，借錢給他們不見得有風險；像是孟加拉鄉村銀行九九%的小額貸款都正常回收。德索托的論點可以當作提高放款額度的基礎，普哈拉的想法則是建立一個迷你企業網絡，賣低成本的產品給窮人來開拓商機。

這些想法對喀拉拉有幫助嗎？我認為只要提供充分的機會，聰明又機靈的喀拉拉人，成就絕不只是開黑店或開計程車而已。但是，我認為在承襲英國的教育體制下，喀拉拉的人們失去創新創業的精神，只講順從而不實驗。我很想說喀拉拉繼承到英國比較差的部分，當年英國殖民政府只想把英國傳統移植到外國土地上，不像是到美國的清教徒，致力建設一個不同以往的社會。

依我看，更有趣的一點是，喀拉拉人在發展的階段中，可能選錯資本主義的形式。強調個人的美式資本主義，講究的是哪裡生活過得好，人就往那裡去，因此很多人會選擇離開喀拉拉。即使終究會返鄉，但他們的個人主義思維，對本質上屬於社會主義的喀拉拉來說，恐怕是弊多於利。

如果是新加坡的指導式資本主義，就會把人們留在喀拉拉發展，鼓勵他們追求故鄉的黃金夢。我早該想到這種形式的資本主義對於社會主義的喀拉拉政府應深具吸引力，但這必須要有一位強有力的領導人、一位鍊金師來推動，就像李光耀一樣有熱情與願景；然而，印度的這種領導人才可說是鳳毛麟角。

經濟發展的兩難

我來到喀拉拉，觀察全球資本主義對這個第三世界美麗一隅的影響，喀拉拉向來以教育水準高、政府有遠見著稱。我很驚訝的發現，它和我來的地方一樣，都面臨相同的困境。教育解放人的心智，但同時也減弱你對故鄉、祖國、甚至是組織的依戀。來自美麗的財富可以毀掉美麗；對個人好的，不見得對整體社會有利；進步充其量不過是進兩步、退一步。

當時，來自印度其他地方的兩個回憶襲上心頭。三年前，一家茶葉公司招待我們去喜馬拉雅山腳下的茶園旅遊。茶園是很漂亮的地方，茶樹綿延好幾畝地，茶葉都是人工摘取。茶園地處偏僻，因此採茶工人必須住在公司宿舍。這家茶葉公司的老闆相當開明，他同時提供員工現代醫療服務及優良的學校教育。男女學生穿上制服，看起來天真無邪，據說在校測驗成績也相當優秀。看到這一切讓人心情愉快，但我納悶，他們這一代長大後會願意待在茶園工作嗎？還是會跑到大城市去呢？茶葉公司教育那些可能成為它們下一代的勞動力，難道不是搬石頭砸自己的腳嗎？業主不得不承認這是有可能發生的事，但開明的他們又能如何呢？難道就眼睜睜看著下一代繼續當文盲嗎？

後來，我從大象身上了解到這個問題，我說的是真的大象，不是我在本書中所用的比喻。當茶園向外擴張時，大象被迫逃出叢林。大象一天要吃大約六噸的樹葉，在走投無路的情形下，只得在晚上前來茶園瘋狂覓食。受到村民喝酒的味道吸引，大象們會踩倒茅屋，而來不及逃走的村民非死即殘廢。由於大象屬於保育類動物，村民只能打鼓、揮燈來嚇走牠們，不可以開槍射擊。這是一個很明顯的兩難局面，茶園就是方圓之內最大的生計來源，為了增加就業機會與生存下去，茶園只得向外擴充。然而，擴充茶園一定會破壞自然環境與大象棲地，於是大象就報復在村民頭上。怎麼辦呢？誰曉得。商業與保育，兩者皆很好，如今卻槓上了。

這些在印度的記憶就像是經濟發展的兩個謎團；立意良善的作為卻導致意想

不到的後果。這些問題不容易解答，不論是印度或其他地方都一樣。

回到資本主義。我在世界各地經歷不同的資本主義後，我有何感想呢？我承認資本主義是創新的搖籃；創意若不能轉為實質獲利，則將胎死腹中，許多科學的突破將仍停留在實驗階段，只有發表在科學期刊上的份了。今日，更多人更健康、壽命更久、活得更愉快（俄羅斯及非洲的一些地區除外）、做的事更多、去更多的地方、享受更多樣化選擇的生活，全拜資本主義之賜。一九七八年改革開放以來，八億中國農民的收入翻兩倍。這肯定是好事，經濟成長讓一切變得可能，沒有經濟成長，就沒有任何進步可言。

全球資本主義也只讓一些人快樂而已，諷刺的是，說財富帶來快樂的反而是窮人，不是富人。根據全球所做的一系列調查，有部分證據顯示，每年平均國民所得一萬美元是一個報酬遞減點。低於這個水準時（差不多是希臘及葡萄牙現在的國民所得水準），更多錢可以買到更多的生活基本享受，從而提高一個人的滿意度。如果超過這個基準點，多一點錢並不會讓我們更快樂；或許是因為我們已經進入一個拚得你死我活的境界，愛去和鄰里、欲望比較，而不是惜福。

全球資本主義體制也製造一堆垃圾及「珍道具」，它變相鼓勵自私及羨慕，功成名就享受太多，往往造成社會內部或各社會間的財富分配嚴重不均。約翰．米可斯維特（John Micklethwait）及亞德里安．伍德吉（Adrian Wooldridge）在他們合著歌誦全球化的《完美大未來：全球化機遇與挑戰》（*A Future Perfect*）中引用英國《衛報》（*Guardian*）的標題來說明他們的論點：「坦尚尼亞（Tanzania）與高盛投資（Goldman Sachs）的差異在哪裡？一個是非洲國家，每年國民生產毛額為二十二億美元，由全國兩千五百萬人共享。另一個則是一家投資銀行，每年營業額為二十六億美元，這個成果由一百六十一人分享。」一九九八年，即使是在經濟特別景氣的時候，美國各公司還是不得不裁員六十七萬七千七百九十五人。我並不喜歡這些結果，但只要我們有心，就可以予以改善。我也不喜歡全球化所帶來的狂熱，那種二十四小時不停歇的生活步調，米可斯維特及伍德吉把過這種沒日沒夜日子的人，稱為「世界人」（cosmocrats）。

這種追求榮華富貴、漂泊不定的被虐待狂是自找的，我不覺得有什麼好同情的。不過，我擔心的是我們以熟人來取代朋友，以及一些美國人所擔心的社會資本主義的腐蝕正蔓延全球。富人不願意與鄰里守望相助，卻選擇繳稅給國家，要求政府掃除街頭犯罪、改善學校教育，然而他們並未給予政府足夠的錢來做這些事。富人把財富藏在海外的避稅天堂，自己則躲在警衛森嚴的豪宅內，對周圍的問題視若無睹。資本主義是一條水力豐沛的河川，如果你讓它潰堤的話，它會吞噬周遭的一切。因此，強有力的圍堵是必要的，這就有賴政府、國際組織及我們自己盡一份心力。

現代資本主義變化的速度的確也凸顯不安全感的問題，企業與個人都感同身受。這意味著去年還管用的方法，今年說不定就派不上用場；去年推動的計畫，今年已成昨日黃花；去年掌權的人，今年已經成為過氣人物；現在你無法計畫得太遠，也不知道該相信誰、依賴什麼。不是所有的事情都變得更好；對年輕及有能力的人來說，這很刺激，但對多數人來說，這種情形令人不舒服與憂心。經濟成長意味著我們前進得更遠、更快，逗留的時間則更短，與周遭人、事、物的互動更少。我們不禁喃喃自語，放慢腳步，渴望停歇。嗯，只要你想，你就可以擺脫這一切。

讓資本主義為我們所用

我們也可以選擇走別的路。新貴們可以培養隱形財富，選擇高檔的有機食物，雖然更挑剔，消費卻更少，生活更簡約。走路回家不坐車，要求較好的大眾運輸而不是更聰明的汽車，這些都可能被認為是帥氣時髦的表現。離婚可能被視為是對社會自私的一種表現，因為這會對原本已經蓋了太多房子的英國增添更多壓力。零食及炫耀式的消費行為可能不被社會接受，就像美國有些地方不准吸菸一樣。

無論如何，除了資本主義以外，我們也沒得玩；就算我們想，我們也無法停止資本主義的運作，只能略微加以修正。如果在二〇二一年，我們想回首過去二十年的進展，我們便需要新的意識型態，一個大方且開放的政治新氣象，一個堅持人類共同傳統的信條，以及建立天下為公社會的意願。這一切都要仰賴富有想像力的領導統御及堅實的紀律。如果沒有這種領導人物出現的話，美國國際事務專家愛德華．魯瓦克（Edward Luttwak）擔心的事很可能會發生；魯瓦克認為他所謂的渦輪資本主義（turbo capitalism）會導致另一種形式的法西斯主義抬頭，就像是當年德國的窮苦大眾團結在民粹主義的號召下，把希特勒拱上權力寶座。

資本主義要能成功運作而不自食惡果的話，就得讓它為世界各地更多人服務。我們應當注意，資本主義的好處都集中在全球中產階級的菁英分子上，或許在二十一世紀結束時，全球一百億人口中，中產階級約占二十億。如果八〇％的人靠這二〇％的人匯款接濟過日的話，其實對大家都沒什麼好處。我們一定要讓這八〇％的人具備賺錢能力，賺取真正的財富。否則那八十億人很可能會像喀拉拉人一樣，前往第一世界尋找工作機會，而第一世界的人口則正在老化與減少當中。除非我們能讓每個人都願意留在吸引人的故鄉發展，否則人口遷移肯定將是本世紀最大的課題。為了我們自己好，一定要讓資本主義在第三世界成功發展；我們一定要給予窮人更多選擇的機會，即便是選擇錯誤的權利。

而在自己的國度裡，我們必須擅長做出選擇。管理大師杜拉克（Peter Drucker）曾說：預測未來最好的方法就是創造未來。不要盲目競爭，做點不一樣的事，重新定義贏家的涵義。資本主義至少給了我們這個機會。我得承認當我們隨波逐流之際，很難想到去做選擇，然而洪流也會把我們帶向一個新境界、新機會。

如同清教徒抵達美洲大陸，只見一片荒野一樣，這反而讓他們有機會創造一塊新樂土。在我的印度之旅結束之際，我反思如果我們能結合美國人的活力與自信、喀拉拉人的魅力與友善，以及新加坡人的紀律與決斷，為自己的社會打造一個更美好的未來，那我們就是最會利用資本主義的人了。

取得手段與目的之間的正確平衡

不過，這將是一個跨文化的奇蹟。務實一點，我開始了解到資本主義真正的挑戰，在於如何取得手段與目的之間的正確平衡點。微觀地說，它就像是我接下溫莎古堡聖喬治堂那份工作時所面臨的挑戰。這個古老單位盛行的哲學就是量入為出，但我及同事則認為如果能增加收入，生活不就會更加愜意嗎？我們發揮的空間不也大一點嗎？因此，我們邀請公司董事會成員或高階經理人，把聖喬治堂研修中心當作一個靈修討論的場所，我們的收費標準和提供會議室的飯店差不多。然而，過度商業化的使用，卻遠遠超過創辦人的理念，而且不是每個人都同意我們的做法。

不過，這種做法的確解除我們的財務壓力，而且也可以貼補其他的工作。當時我發現，問題在於如何取得一個平衡點。增加議事廳的出租率對收入有幫助，但這會蒙蔽我們原始的任務，那就是集合社會上抱持不同看法的意見領袖，讓他們坐下來辯論當代的倫理與道德議題。一群高談闊論、猛抽雪茄的大老闆，這幅景象似乎和我們原來崇高的理想格格不入。太在意收入，一心想付清帳單，這些都會扭曲我們的原意。然而沒足夠的錢，又如何奢言維持聖喬治堂的運作？所以，正確的平衡點就是放棄部分出租收入，才不至於忘記自己該做的事。

放大來看，整個社會也面臨同樣的問題。把追求財富極大化當作首要目標，會讓我們忘記原本追求財富的目的。在另一方面，如果我們過於強調意識型態，也會忽略手段。共產主義的理想崇高，它要追求一個人人平等的更美好社會，但卻缺乏有效的手段。資本主義具備各種創造財富的手段，但對最終目的卻不甚清楚：財富的目的是什麼？誰需要財富？一旦無法釐清這些問題，資本主義就會垮台。

在本書的第三部，我將探討資本主義帶來的選擇困境，以及我的生活中，目的與手段間必須達成的一個均衡。我終於要開始創造自己的未來；我同時也提出建言，讓社會幫助更多人也能創造他們的未來。

第三部

獨立生活

第七章

跳蚤的歸屬感、夢想與學習

photograph © Elizabeth Handy

我自謀生路的第一年，所謂的公司聖誕派對，其實只有我和內人共進晚餐。

我自由了，但也孤單了。孤單不見得就是孤獨，但也沒有歸屬感。跳蚤不會群聚在一起，它們會寄生在大型生物上，但它們不會也不能寄居在生物體內。成為個體戶的第一年，我在一些大型會議的賓客名單上，職稱欄都是空白的，這點讓我很高興。我終於做自己了，而不是其他人、事、物的代表。然而，年底的各項慶祝活動，以及朋友聚會的邀請函少得可憐，那種形單影隻的感覺太明顯了。

我告訴自己，真是一個痛快的解脫啊；我再也不必喝用紙杯裝的廉價酒，強顏歡笑；也不必再對我迴避多年的同僚故作宅心仁厚狀。但我真的很懷念有朋友邀我聚會，現在的我等於被逐出社交圈外了。接受邀宴再罵酒肉臭，總比完全沒有被邀請好吧。我不禁自問，如果我不隸屬於任何一個地方，誰還會在乎我？我的存在還有意義嗎？辦公室聚會不見得就代表你的存在有意義，但至少它是現代團體歸屬感的象徵之一，如今這種團體歸屬感已離我而去。

跳蚤也需要歸屬感

昨日之死只要能延續出嶄新生活，那就不是件壞事。我感覺過去被我的組織禁錮著，我要逃；然而，如同多數人一樣，我並非天生隱士。我們人類似乎就是群居動物，離開組織生活後，我仍需要隸屬於其他的地方、與其他人共事。現在我恐怕得營造自己的一份歸屬感。

發生在我身上的情況，一樣會發生在其他跳蚤身上，新手或老鳥都一樣。渴望歸屬感與追求心靈自由一直糾纏不清。屬於有翅亞綱蚤目的跳蚤通常被當作是寄生蟲，生物不會引蚤上身，可能的話還要想盡一切辦法擺脫它們。對許多人來說，獨立的生活或許是他們未來的選擇；但是他們別想打入任何團體，除非他們花部分時間來加入一個群體；更棒的就是如鍊金師一樣，建立自己的族群。

這並不在我預料之中，我一生當中感覺受到許多團體的桎梏，包括學校、組織、家庭、村里等，我一點也不懷念它們。我是個極端的例子，身為作家，我非常在意時間的分配以及和心靈溝通的自由。我目前沒有參加任何組織或團體，連政黨或高球俱樂部都沒加入。我現在和組織的關係最多也就是臨時、不連貫、鬆散的，這些關係是建立在獨立的事件或專案上。如果我想找一個組織加入的話，我還不如自創一個組織。

不過，我不會自創組織，我不需要組織就能夠搞定一切。然而，多了內人伊莉莎白，我就得建立一個私人網絡或準團體（quasi-community）。這個團體的成員一部分和我們的工作有關，一部分則和我們的私人生活相關。這些人以及我們的家人，才是我們真正在乎的人，我們對他們有責任感，我也希望他們會在乎我們。這些個人網絡並不會自我運作，必須妥善經營。我很幸運有內人負責打點這些社交關係，而且她又是我的工作夥伴。內人天生就是一個跳蚤，她從未在一個組織內上過班，她也一直很清楚她必須營造自己的工作與私人社交圈。她很努力的與各行各業的朋友保持聯繫，電子郵件幫得上忙，但維繫感情最管用的還是光臨寒舍、吃喝談論一番。

要換作是我的話，我就只會等別人打電話來，因為打電話主動邀約他人，除了要有點社交活動力外，還要有自信。誰曉得電話那頭的人會不會拒絕你，更糟的是，搞不好他連你是誰都記不得。要是我的話，我大概會加入俱樂部或協會，參加大型會議或研討會，或許會參選俱樂部職務，甚至去當教區的教堂執事也說不定。然而，我擔心的是我心中的理想，他人未必感興趣。我或許要找一個團體歸屬；許多志工的投入，除了實現自己博愛濟世的理想外，同時也在尋求自己的歸屬感。歸屬感是很重要的。

正視人生，尋找未來的意義

就像我沒預料到會懷念團體歸屬感一樣，我同樣沒預料到以下這個饒富哲理的問題。既然我現在能自由的揮灑自己的未來，立定自己的目標，我就必須嚴肅的面對人生意義何在的問題。我過去偶爾會想到它，譬如我站在父親墳前反思時；然而，如今我必須規劃我的生活，我就不能只是逞匹夫之勇，我需要策略。我同時也了解，一項策略要能根深柢固、發揮效用，就必須來自一種使命感、一個內心的目標。缺乏這種驅策的目標，我就會像許多企業一樣，只想掙扎求生罷了。我認為生活的意義不全在於掙扎求生，就算有些企業生存得很好，但至少我的一生志不在此。就我而言，人就走這麼一遭，理應活在當下，不虛此生，不枉為人。我有時不免納悶，難道這是遺傳的影響，還是幼時宗教及家庭的影響，讓我不得不正視人生呢？我只知道，我絕不想閒居至死。

我們住在倫敦公寓時，常在早上招待外人來共進早餐。我們的英國朋友稱這種不文明的作為是美式怪招。我們解釋道，這些客人都是典型趕時間的年輕人，他們想要談談自己的職業，或是現今流行的創業。吃頓早餐並不妨礙他們的日常作息，如果他們能在八點半以前趕到普特尼（Putney）[16]的話，那他們一定樂意來吃早餐！我會問他們一個問題來打開話題：他們為何打算這麼做或承擔這種風險呢？他們的回答讓我受益良多。然而，其中有許多人只回答：因為這主意聽起來似乎不錯。聽到這種回答，我就知道他們不會想付諸行動；就算真的做了，肯定也不會成功。

熱情永不消退

接著我們講述一些我們研究過的鍊金師。熱情是驅使他們追求理想、勇往直前、克服困難的動力；熱情這個字眼在力度上強過使命與目的。其實我發現當我對他們侃侃而談時，我也正在對自己傾訴。有熱情的人力拔山河，有使命感的人只能傳教。

年輕人問：「你如何找到這份熱情呢？」

我常說：「在夢中找到的。每個人睡覺時都會作夢，但有的人卻還會在白天

---

16 譯注：牛津、劍橋大學年度划船對抗賽起點。

時作夢。這種人是很危險的，因為他們會讓夢境成真。」多數人作夢，夢的是想當什麼、想做或創造什麼。如果這只是一個模糊的夢境，像是想要真的很富有、擁有一個大家庭或只是要快樂的話，那希望的成分就大於夢想；但是，熱情卻不是來自於模糊的希望。

不久前我亂翻抽屜時，找到二十年前全家人寫下的新年新希望。當時正值青春期的女兒，她的願望是絕不再寫新年新希望！不過，內人伊莉莎白寫的是：「多花點時間在我熱愛的攝影上。」當時她擔任婚姻顧問，壓根沒時間去想三年後她會去唸攝影學位，也不知道她會成為一位傑出的人像攝影家，並且出版三本攝影集。現在有人問她，為何在中年從事攝影工作，她的回答是：「攝影一直是我的夢想，打從我還是個拿著玩具相機的小女孩時，我就這麼夢想著。」

二十二年前，我曾不以為然的說攝影充其量不過是嗜好，也不鼓勵她從事攝影，如今回想起來真是慚愧；然而，一個人的夢想與熱情是永不消退的，它們隨時蓄勢待發。

勇於嘗試，熱情一定會實現

看見別人展現熱情比發現自己的熱情容易得多。我自認不是一個充滿熱情之人，我比較冷靜，應該說是比較害羞、猶豫，但我一上台演講就意氣風發了。然而，我的確有一個夢想，一個轉變為含蓄熱情的夢想。雖然我一直在嘗試當個我並不適任的企業主管，雖然我埋在心底許多年，但我真正的夢想就是寫作。一路走來，我也發現自己打心底就想當個老師，難怪我的處女作會是教科書。我常想，要是能寫小說，甚至戲劇，一定很有意思；但我知道自己並不熱中於此，所以我也寫不來；空有不錯的想法也是白想。

有些人很幸運，能及早發現自己的夢想。我常常羨慕那些十五歲就知道自己想當醫生，或是在校時就想創業的天生企業家們。二〇〇一年，年輕的英國婦女艾倫．麥克亞瑟（Ellen MacArthur）成為獨自駕舟環球的女性。對艾倫來說這是美夢成真，單人駕舟環球從小就是她的夢想。單人在海上九十四天後靠岸時，她說：「我希望我的舉動能鼓勵其他年輕人實現他們的夢想。」

另一方面，其他隱藏的夢想就像我的夢想一樣，可以讓你體驗人生其他的面向。我不後悔自己半途而廢的商場職業生涯，因為我一路走來獲益良多。小女凱特原本想當建築師，後來生病被迫放棄，接著做起小生意，又和合夥人不合，最後跑到羅馬去教義大利人英語。此時，她那想當治療師的潛在夢想浮現，她花了四年時間去念整骨治療，如今已是一位相當成功且有成就感的骨療師。她一點也不後悔，她甚至說她很感謝那場大病；生病迫使她跳脫既定路線，調整自己人生目標的優先順序，使她這些日子以來，能從病人的觀點去看人生。

有的人對自己的熱情則是因噎廢食。像我好不容易擺脫學校桎梏後，我最不想做的就是當老師。後來因緣際會，殼牌安排我當了講師，但當時我已經是樂於接受教職的成人，不是什麼心不甘情不願的學童了。我喜歡教書，往往你喜歡的事物，你就能做得很好。因此，我奉勸那些尚未找到自己熱中事物的人下面這段話：「多試，只要你嚮往就去嘗試；但在它成為你的最愛前，絕不要讓它占據你生活的重心，因為這不會持久的。」

自我學習，日新又新

如果說缺乏團體歸屬感及找到自己熱情的需要，是我展開跳蚤生活時所無法預測到的兩個情況；那以我的背景來說，第三種情況應該預料得到才對。這個狀況是我必須持續學習、成長及發展的。無論你做什麼，身為個體戶，你的巔峰期是在你最後完成的那個工作、專案或發明上。

我曾告訴一位寫作同儕，我說我正在寫一本新書，但就是覺得搜索枯腸卻了無新意。

他說：「真的嗎？咱們多數的作家不都是新瓶裝舊酒，換個書名，內容照舊。」

我發誓絕不做這種事，然而最後就是這麼一回事。我重讀二十五年前我的處女作，發現我後來著作中原本以為是全新的觀念，其實早在處女作中就提過了，只是表達手法不同罷了。後來我覺得也沒什麼好丟臉的；如果你寫的是同一個議題，當然不可能常常或大幅改變你的觀點。你只能希望舊觀念還能趕得上時代，只不過要重新詮釋以符合實際，並提出新洞見、新展望、分享新經驗。

這個道理適用於每種工作。我們不期望外科醫生會改變他所有的技術，或是把自己的專科由胃轉為腦。我們期望的是他能跟得上研究發展，甚至對它們有所貢獻，隨時更新他的手術程序，以開放的心態接受新觀念。我也該這麼做才對。

我在大公司的那段日子，學習是很難避免的，它是有組織的、必要的，而且可用各種方式取得。公司派我參加各項課程，其實我在面對工作困難時學到的更多。在學術界，我應該要花五分之一的時間在吸收或貢獻專業新知上；的確，在教職升等上，同事們對我研究成果的評等影響，遠大於我的教學成果。在溫莎古堡的研討中心工作時，我一天多數的時間都花在聆聽來自另一個領域專家的討論，多數都相當有趣，有的還引人入勝，全都有助於我了解當時社會的困境。

如今，獨立、不隸屬於任何組織、時間掌握在自己手裡的我，必須自我學習。再說，也不會有人幫你出學費了！首先，我從閱讀對手的所有作品開始。我的結論是，商業書籍往往充滿好觀點，但讀來實在無聊。我還記得自己給企業家的忠告：不求做得更好，但求與眾不同。我也記得寫第一本教科書《認識組織》（*Understanding Organizations*）的情景，當時我人在法國南部的一個農莊。我在汽車後行李廂裝滿當時最好的商業書籍，多數是美國的教科書。我發覺這些書內容乏味，我想提出的一些問題，書中也沒有解答。這些書把人性貶低到數字的層次，把熱情與渴望降到需求的層次上看待。看了這些內容貧瘠的書，我放棄寫作計畫，決定翻翻農莊主人的藏書。這位女主人是俄國大文豪的忠實讀者，我發現托爾斯泰（Tolstoy）及杜斯妥也夫斯基（Dostoevsky）對個人在組織內的磨練與苦難，比任何那些教科書的描寫都還要淋漓盡致。爾後我的作品廣受歡迎，大部分要歸功於托爾斯泰。我的處女作雖然不見得比其他書好，但肯定與眾不同。

跳出自我，更加創新

回首過往，我認為如果自己要與眾不同，而不是勝過他人的話，我就得跳出自己的專業領域，才能看得更透澈、觀念更創新。如同我經常向業界指出，真正的創新往往來自本業或自己的公司以外；那些局內人通常只會守成，而非創新。我認為想與眾不同，你就得偶爾踏入一個全然陌生的世界，用全新的角度看事情，或是看見新事物。

此時，我無意間發現美國學者唐納．熊恩（Donald Schon）寫的一本書，書名是《觀念的位移》（*The Displacement of Concepts*），書名倒不是最嗆，不過觀念很重要。它談論的是科學的創新，熊恩的論點是科學上多數最重要的突破，例如相對論，都是借用生活中某個領域的觀念，再用譬喻的手法應用到另一個領域上。這麼做的話，你就可以時常用新的觀點來看熟悉的事物，或是發現一個打開新契機的大門。就像一九六二年諾貝爾醫學獎得主弗朗西斯．克里克（Francis

Crick）與詹姆斯・華生（James Watson）一樣，他們以雙螺旋的比擬，發現去氧核醣核酸（DNA）的分子組成結構。

我停止閱讀競爭對手的作品，開始一頭栽進歷史、傳記及小說中，尋找我要的觀念。畢竟，這些書充滿了人生百態，而人生正是我想要闡明的東西。我常去劇院，回想起早年在倫敦商學院的那段日子；這才讓我不好意思的想起，原來莎翁早就道盡人生百態。在內人伊莉莎白的鼓勵下，我開始多了解一點藝術、歌劇與音樂。這些全是我們的文化遺產，過去我忽略它們，它們就像是等我探索的陌生世界。人生至此，我都忙著勝過他人，甚至只是與人並駕齊驅。我和內人訂下一個規矩，每到一個城市，只要參觀過一個藝廊或博物館，就可以上一家館子。內人選藝廊，我選館子。學習是很有趣的，雖然會令人發福！

從旅行中發現不同的世界

外國也可以是一個學習的地方。我們不擅於觀光，因為我們認為必須在當地生活與工作，你才能體驗一個文化的真實面，走馬看花只是隔靴搔癢。我的工作性質很少會讓我在一個地方停留超過一星期，但即使時間這麼短，我們也會嘗試揭開當地文化的面紗。如果你是去工作而不是觀光，你受到的待遇就會不同。古早時，殼牌都會鼓勵出國開會的員工盡量撥出時間在當地閒逛，上歌劇院或聽音樂會，出去走走，和當地人閒聊，只是，最好不要碰上競爭對手。現在這個時間寶貴的時代，企業主管全球飛來飛去，異國經驗通常只有機場的過境旅館而已。

美國、新加坡及印度給我新的人生體驗。義大利也是如此，我們常跑義大利，出差、旅行皆有。義大利人的行事方法與眾不同，不見得都是好方法，但那些差異值得我們省思。義大利人不太旅行，他們認為自己的國家就夠看了。他們全力捍衛自己的文化傳統：食物、足球、藝術及時尚。有一次我們在義大利的時候，托斯卡尼地區全體居民策劃發動罷工一天，原因是當時一位匿名炸彈客在佛羅倫斯（Florence）的烏菲茲美術館（Uffizi Gallery）引爆一枚炸彈，托斯卡尼居民要表達的就是他們對這種破壞行為的憤怒。如果倫敦的泰特美術館（Tate Gallery）被炸的話，我很難想像倫敦會發動類似的示威。然而義大利這些文化熱中分子，同樣也是歐盟（European Union）的支持者。他們認為義大利人也可以是歐洲人，可以汲取兩者的精華；如果不喜歡歐盟的決策，那就反對到底。

或許義大利形成一個國家的時間相對上來說還不算長；因此，義大利人重視地方與家庭事務，遠高於對國家的重視。我清楚記得有一次羅馬爆發政治危機時，一名義大利記者接受BBC專訪時說的話。

主持人問：「情況嚴重嗎？」

義大利記者答：「嗯，相當嚴重，不過沒關係。要知道，義大利是太陽下的黃金國度，羅馬的中央政府運不運作又怎樣，老百姓照常過自己的日子。」

這種漠然的態度，似乎顯得不關心自己國家的命運；但是，我們的確可以從義大利人以自己鄉鎮為榮的觀念中學到一點東西。

那些文化差異傳達的訊息不只這一樣。

義大利整體經濟的實力來自於多樣化的小型家族企業。我自問，義大利人口中的家族企業，為何到了英國就成了「中小企業」？難道是義大利人希望世代永續經營，英國人卻想在適當時機把中小企業賣給較大的企業嗎？英國人相信要成長才能生存，但許多義大利公司認為，更好不必要更大。

我不是說義大利人的想法與做法一定比較好，我是強調換成義大利人的眼光，你會發現一個不同的世界，會去質疑一個原本你視為理所當然的事物。

用新觀點看舊世界

這是尋找新觀念的一個方法，接下來就要運用這些觀念，闡明組織生活的意義。我同時發現，以前在學校反覆背誦的那些東西，要是不曾使用過，幾週內，有時幾天內，就全部還給老師了。幾年下來背的法文動詞，照理說總該還會記得一些吧，沒想到我到巴黎時，一個字也記不起來。雖然自己經歷過的事累積起來相當有趣，但我也提醒自己，不用就會忘記。真的，我最近看一本小說看到一半，才猛然想起我之前曾讀過呢。

因此，寫作、演講與廣播成為我學習的動力與凝聚力。我會在演講中嘗試提出新觀念或新比喻，若是頗受好評，肯定會出現在書中。如果你可以讓客戶負擔你的學費，那就皆大歡喜了。我的產出雖然是書籍，但我相信如果你不只求更好，還要與眾不同的話，那麼這個原則放諸四海皆準。來到不同的世界，散步、觀察、傾聽、詢問，再回到你原來的世界，用新的觀點來看你原來的世界，透過實踐來落實你的新觀念。如果它無法帶給你不同的感受，則立刻丟棄，去別的地方再找。

有一次我應邀為一家中型食品公司的經理人上課，幫助新老闆使這家公司成為食品業的典範。我想這位老闆心目中已有課程的大綱，我看多了他這種大鍋炒教育訓練的想法，我要他別浪費時間了。我建議他選出一小部分最受敬重的經理與主任，一些受到同僚景仰的人。接著我就按個別情況，送他們去世界各地或其他組織增廣見聞。我向老闆保證，如此一來，他們至少會讓公司與眾不同，也讓他們與有榮焉。我要求他們閱讀探討英國最佳企業的論文，每個行業挑出兩個企業去參觀，參觀證則由我負責；不過，先決條件是不得選食品業。他們照辦，吸收了一堆新觀念，比較並選出最有趣的紀錄，從而拼湊出公司未來兩年的改革計畫。這是我最成功的一次公司教育訓練課程，而我根本沒教他們什麼東西。

後來的一些教育訓練課程我也如法炮製。我稱之為「偷窺學習」，我們人的本性或許就愛窺視。有個暑假我過得很快樂，我假裝是買主，「偷窺」了許多房子。每個人的確都有他獨特的生活方式，但有些人也提供我們一些居家觀念。我也半開玩笑的把自己描述成一個組織偷窺狂；偷窺是強而有力的學習方法，先決條件是你不要停留在偷窺階段，而且你要運用從中獲得的新觀念。

自信的打出名號

歸屬感、夢想及學習，這些都是我新獨立生活的新困境，它們之所以新，是因為在組織內工作時，你並不會迫切感受到這些問題。自謀生路也有它的一些實際問題：如何安排我的工作賺取足夠收入，同時兼顧工作與家庭，兼顧內人與我的需求。我在下面兩章會討論這些議題；但在我這個人生轉捩點上，首先而且也是最重要的是，我得面對其他人對我的質疑。

獨立後的自由很誘人，但是要打出你的名號就得有點自大才行，不管你的名號是否和新的小事業或新書有關。多年來，我偶爾應邀在ＢＢＣ《今天》（*Today*）節目中提供〈今日思考〉（Thought for the Day）單元，目的是針對當日事件提出宗教或道德省思。大約四百萬名以上的聽眾，每天早上一邊忙著家事，一邊聽著這個晨間新聞時事節目。ＢＢＣ邀我發言，使我備感榮耀。政客們更是搶著上這個節目，試想他們哪有這個大好機會，可以不被打斷、無人提問，整整有三分鐘發表自己的看法。然而，我私底下承認，我朋友的母親說得好：「你那個朋友韓第以為他是誰，他憑什麼不受質疑，就可以在早餐時，把他的看法強加在我們頭上？」

這種情況同樣發生在寫文章，或是登上講台對幾百人發表演說。你自問，何德何能可以如此？我問過每一位作家或演說家，大家一致認為這就好比走繩索一樣，一方面要自信的打出自己的名號，一方面又不免懷疑，別人憑什麼要聽或讀我的見解呢？我以自由市場的觀念來安慰自己，每個人都可以自由的關掉收音機，把書扔掉或甩頭離開演講會場。無論如何，一開始你都得具備充分的自信心，自信說穿了其實就是私底下的自大。

以我的經驗來看，那種如履薄冰的走繩索心情是揮之不去的；要是沒這種戰戰兢兢的感覺，我才真會擔心呢。自我懷疑是良性的一種質疑，它可以讓人常保誠實。我的先人都是傳教士，或許他們認為擔任神職就是上帝許可他們表達自己的看法。我可沒有這種感覺，我認為「該這麼做，就這麼做」；說得正式一點，人必須活得真實，不打誑語。不管你質不質疑自己，違背真誠就是不對。

當我們首度造訪義大利時，早期文藝復興時期的藝術及建築讓我感受良多。不光是畫作及雕刻美不勝收，它們也傳達出一個清楚的訊息。在文藝復興之前，上帝及聖人一直都是藝術創作的主題，它們使人間的思維昇華。然而，文藝復興以人類取代上帝，他們都是真實生活中的男男女女。唐納太羅（Donatello）[17]的雕刻或許是在描述聖人與先知，但這些人物很明顯是真實生活中的人們，只消看看佛羅倫斯大教堂博物館（Cathedral Museum）所陳列他的作品「抹大拉的瑪莉亞」（Mary Magdalene）就知道；要不就看看在同個地點展出的「聖殤」（Pieta），這是米開朗基羅（Michelangelo）一直到死前才完成的作品，在這個作品中，基督很明顯是一個死去的人，而非上帝。

---

17 編注：米開朗基羅之前佛羅倫斯最偉大的雕刻家，也是十五世紀最具影響力的藝術家之一。

發揮潛能，絕不得過且過

當時，我注視著這個新人本主義所展現的視覺效果，它並不拒絕上帝，而是生動的呈現神在人類身上做的工。上帝常在人心是許多宗教的共同點，而在義大利，我首度看到這種觀念表現在藝術上。藝術的呈現比傳道更直接、有力，這些強有力的影像所代表的意涵一直在我腦海揮之不去。我比較習慣去想自己的潛能發展，不怎麼去想童年時的宗教影響，但兩者傳遞的訊息是一樣的：潛能是要經過試煉的，一個人不可能逃避自己的義務還能發揮潛能；人生不能得過且過、因循苟且。文藝復興時期的哲學家馬爾西利奧．費奇諾（Marsilio Ficino）說得好：人類不朽的是靈魂。他所有的著作，都在鼓勵人們實現這個內心深處的大我。

雖然內人一直說她記不得了，但我仍清楚記得婚後不久我們兩個的一段對話。當時我正在倫敦的殼牌石油上班，擔任經理人教育訓練的講師。

有一天晚上她問我：「你以你的工作為榮嗎？」

「馬馬虎虎啦，工作嘛。」

「你共事的人如何？他們很獨特嗎？」

「還可以啦。」

「那公司呢，你認為殼牌是一個好組織，做的也是好事嗎？」

「沒啥好抱怨的，還過得去啦。」

她狠狠地瞪著我，然後說：「我可不想和一個『差不多先生』共度餘生。」

這等於是一道最後通牒，第二個月我就辭掉了殼牌的工作；但是，這一段對話一直迴盪在耳際。我同意人生不能僅求「差強人意」，我們就只有這一輩子好活，當然要好好善用，活出精采的人生，怎能得過且過。但人生意義究竟何在？這個問題我一直揮之不去。

第八章

均衡充實的工作組合

photograph © Elizabeth Handy

成為個體戶的頭幾個星期之後，我看著空白的行程表，不免有種莫名的喜悅，因為我不需要先與同事商量，便能自由的排出自己的休假與私人活動時間。我記得有一天在工作日的下午去購物，心中竟然有翹課學童的罪惡感，畢竟我以前從未在工作日去採購。奇怪的是，我發現和我年紀相仿的閒人還真不少；突然間，我想到為何在一個星期的中間，會有群眾聚集去看賽馬呢？那些人不可能全都是退休人士，失業族則不可能有錢來看賽馬啊！

或許一直以來就有人過我這樣的日子，只不過我們沒打過照面而已。那一年年底，當我向一群主管講述組合式生活時，其中有一位似乎充滿疑惑。

他說：「這些所謂過著組合式生活的人都在哪兒？早上八點十分，我在威布里奇（Weybridge）[18]怎麼都見不著一個人？」

我答道：「你看不到他們的，他們很少需要去擠通勤列車。看不到，不代表他們不存在，只是你選擇的時間、地點都不對。」

填滿空白行程表

這根本是老套了，我們眼中只看到我們想見的世界。我們專選立場偏向自己觀點或有偏見的報紙來看，工作與社交也是物以類聚。我們多數人都不會去城市的另一端，也不會在火車上與陌生人交談。我們都是看電視劇才知道別人是怎麼過活的；在我擺脫辦公室的束縛前，我對這個世界的看法也是刻板的。我很興奮且謙卑地發現，原來這個世界上還有人不必每天早上打卡進辦公室或工廠；他們自訂作息時間及行事優先順序；固定收入及按件計酬的工作混合著做；他們的日子不受會議及委員會的支配。對他們來說，多功能、全方位不是時髦的管理名詞，而是日常生活的一部分。

伊莉莎白對我說：「你終於過得實際點了啊，多數女人一直都在過多功能的

18 譯注：大倫敦西南的住宅區。

生活，或許你稱之為組合式生活，我卻叫它務實生活。」

過沒多久，空白的行程表不再令人愉快，而是使人愁，驚慌取代了幸福感。我發現組織或許在某方面禁錮人心，但至少在安排或分配工作上頗有效率；組織透過各種通訊方式，下達工作指令，不必你自己去張羅。我待在組織的大部分時間，都是按部就班接受並執行工作；但在我的潛意識中，一直想做但沒做的事，就是超脫既有的工作羈絆，做一些別人想不到或沒想過的事。

既然現在我不必聽命行事了，我的機會來了。沒有郵件、電話、會議、截止期限，什麼都沒了。然而生活沒有截止期限，就等於行事沒有優先順序。你做任何事不再有壓力，你自己設定的截止期限很容易就被你改掉或拋在腦後。我開始感覺到自己沒人要，好像我幾乎不存在似的。如同我在早期一本著作所說，卸下角色後比扮演多種角色還要承受更多壓力；如今，我總算親身體驗到這個經驗了。狄更斯（Charles Dickens）[19]沮喪時會走上十五英里路，我可沒那麼勤快。於是我心想：「原來失業就是這種感覺。」我特地把它註記下來，以備不時之需。

我本來可以去就業服務站登記求職，但我並沒有外出工作的時間，至少我沒空做就業服務站提供的工作。

現在該是我把自己的工作理論付諸實踐的時候，我一向主張跳脫安穩工作的想法也該實現了。我相信工作是人生一個基本的部分，只要是人，就不能沒有工作。在我成為個體戶後，我發現沒有工作，人生便失去意義。我犯下的錯誤，就是誤認為人生只有一種工作類型，那就是受薪工作（paid work）；這種想法忽視並貶抑其他類型的工作，以及從事其他工作的人。這個狹隘的工作定義，把社會的經濟需求置於我們存在的目的之上。我和其他人一樣喜歡錢，錢是重要的，特別是你缺錢時；然而，人生不應該只為了賺錢。我相信一般對工作的想法把整個社會扭曲了。我曾經想要強調三種其他類型的工作，藉以改正這個錯誤觀點；多數人不是把這些工作視為理所當然，就是對它們嗤之以鼻。一個理性的生活應該

19　編注：英國著名小說家，代表作有《雙城記》等。

包括這三種工作類型，並維持三者的均衡。

家和才會萬事興

例如，家庭工作（home work）就是其中之一。我說的並不是學校的家庭作業，而是一些持家的工作，像是洗衣、燒飯、養老、育幼、整理、維修、園藝、接送等家務事。你請外人來做這些事的費用可是很高的。現在你想在倫敦聘請一名居家保母的話，除了要提供她住、行以外，年薪就得支付兩萬英鎊。我在鄉下的一位鄰居每年付給他的園丁兩萬兩千英鎊，還直呼非常划算。現在也有定期到府清掃的清潔公司、幫你料理三餐的廚子，以及代你遛狗、換電燈泡及出租司機等服務。雙親年邁？沒問題，現在有一堆養老院願意幫你照顧，順便也照顧一下你的荷包。一年花個十萬英鎊將這些家庭雜務外包，肯定很容易找到接手者；不但可以活絡經濟，更可以減低失業率。

我們多數人都是不計薪在做這些事，所謂的「我們」大部分也還是女性同胞。難怪她們要求一些回報，要不是把她們的付出換算成薪水的話，就應該給她們適用的稅賦減免。這是不可能發生的事，因為政府會損失太多稅收；不過，大家都承認家庭工作不但極富價值也非常重要。家庭工作應列入統計，因為不被列入統計的，往往被視為不重要。所謂家和萬事興，家庭照顧得好，家庭成員身心健康，心懷感激與愛心，家庭也成為個人在紛擾世界中的一個避風港。少做家庭工作的人其實失去很多。對兩性來說，一個均衡的生活應該包括一定分量的家庭工作。組合式生活，也就是跳蚤的獨立生活，提供我們過一個均衡人生的機會，做不做其實存乎一心。

志願回饋世界

其次則是志願工作（gift work），這種工作也是免費的，但不是在家裡做，而是回饋社區或整個世界。調查報告建議我們在人生的一些階段中從事這種志工服務；有的人透過組織服務，其他人則默默在做。英國人不見得都知道英倫三島的海岸救生艇都是由志工在管理的，還有山難搜救隊也都是由隨時可能捐軀的志工組成的。比較靜態性的志工服務，像是公民諮詢處（Citizen Advice Bureaux）、居家送餐服務（Meals on Wheels）及協助遊民的危機中心（Crisis centres）等義工，都是將自己一部分的人生光陰獻身公益。要說還說不完呢，教堂、慈善團體，青年活動中心及遊說團體等，全部依賴志工來推動業務；光在英國就有二十五萬個志工組織或慈善團體。

多數時候，不計薪的工作往往是讓我最滿足的工作。我做這些工作，是因為我認為這是正確的事，不是因為想賺錢，或是有人要求我這麼做。不過，首先我得放棄毫無貢獻的義工工作，如果義工組織給我的東西比我付出的還多，那我就不該待在這個組織裡。我曾經被名位吸引，投身一些相當知名的慈善組織，然而多數時候我恐怕都是被綁在什麼委員會上，並未在第一線實際從事服務工作。當我正視這些組織的工作並非我的專長，而且開會時不是感到無聊就是言論激進時，我就決定掛冠求去。

我一天之內遞出七封辭呈，但只收到三封回函來確認我的辭職，並感謝我的貢獻。其他組織不是忘了我的存在，就是很高興擺脫了我！我認為，與其沽名釣譽惹人嫌，不如專注在自己擅長的事務上。有太多人利用義工組織來實現自己求官不成的野心，例如擔任主席或財務主管等。我下定決心只寫作、演講或傾聽他人心聲，這樣我才可以發揮專長，不會太拖累別人。

隨時學習，永遠保有競爭力

最後則是學習工作（study work）。終身學習是這些日子很流行的名詞，但很少人劍及履及的去實現這個理想。然而，身處在一個變動的世界，我們不能僅靠過去的認知來評估未來。當我投入學術界時，我被要求必須每週花相當於一天的時間做研究，我的學術地位端賴我在專業領域中發現新知識或新思維的研究成果。的確，師者不但要熟悉專業領域，可能的話，更要引領專業。不過，為什麼我們不用同樣的標準要求商業界那些必須保持競爭力的企業，或是隨時需要吸收最新技能的專門職業。

對許多人來說，把二〇%的時間用在學習專業新知上或許太多了；因此，我通常建議能幹的主管或專業人士一年內最少要花一〇%的時間、或者二十五天來學習，其中有部分的學習可以用自己私下的時間來完成。十年前，商業界的主管平均一年花一天的時間正式學習，他們很少有時間或精力來閱讀書籍、期刊論文，或參加研討會。組織偏愛把前瞻性思考的工作設定給研究部門或企畫小組來做，造成新思維鮮少對主要決策者產生影響力，使他們在未來競爭的起跑點上落後其他人。

獨立的跳蚤只能依靠自己。我意識到如果我的有薪工作要有未來的話，那學習進修就是不可或缺的。以我的例子來說，我的研究學習重點就是寫作；多數作家，包括小說家，花在研究工作上的時間，往往是實際寫作時間的三倍。

當我展開個體戶生活時，我隱居到鄉下去寫作。我們向外望去就是一片玉米田，四季更替，玉米田由棕轉綠變金黃，看得令人好高興。不過令人沮喪的是，每隔五年農夫就會輪種甜菜或蠶豆，看起來就沒那麼賞心悅目了。有時農夫乾脆休耕，什麼也不種。我們班門弄斧的告訴農夫，現在有了肥料，輪種根本就落伍了啊。農夫說：「土地需要變化才能有活力，需要休耕才能休養生息、維持地力。」

組合工作，變化無窮

我不也一樣嘛。組合式工作的樂趣之一，就是它擁有像作物輪種的變化樂趣。我發現研究學習也需要休息，才能走得更遠、更豐富。欲速則不達，一天要是寫得太多、太快，只會搞得你第二天全部刪掉重寫；一天傍晚書要是唸得囫圇吞棗，事後就得重新讀過。有時我又寫又讀，有時我靜坐沉思，有時我就只是坐著放鬆。這種心境，忙碌的世界懂嗎？

當地一位農民每天駕著曳引機經過我家門前下田去，他都會向我揮手，我會從椅子上抬起頭也向他揮手。有一天，他停了下來。

他說：「日子過得不錯哦，每天都閒閒沒事坐在那裡。」

我說：「這是我的工作，我坐著賺錢。」

他發動曳引機，不屑地說：「哼，有這種怪差事。」話雖如此，他每天晚上還不是要掌握最新的玉米價格或歐盟的補貼金額，或者翻閱農業雜誌，了解最新農耕機具或各種種子，只不過，他不會把這些活動叫作工作。工作對他來說就是下田幹活勞力；對我則是勞心，我要讓自己的身心解放、充電，才能做我的正事：寫作。

家庭工作、義務工作、學習工作及有薪工作這四種工作，其組合比例會因人生各個階段而不同。我三十多歲時，有薪工作占掉組合工作的大部分，這使得內人相當不悅，因為家庭工作幾乎都是她在做。再往前推個十五年，學習工作是主角。而在人生另一個盡頭，你常會聽到退休人士說這一生從沒像退休後這麼忙碌過，其實他們是把有薪工作拋在一旁，從事其他三項工作去了，自然覺得忙碌充實囉。當然，我們不見得要以人生階段來決定我們的組合式工作比例。我們可以自創自己的混合工作比例，取其均衡。我現在自由了，沒退休、沒就業、沒生病、沒不舒服。能把我的理論付諸實行的，非我莫屬了。

我和伊莉莎白坐下來商討如何分配四項工作比例，這不是我一個人的事，因為我的任何決定都會影響到她；畢竟，她也有她的組合式工作要做。

我們決定我一年要花一百天的時間學習研究，目的是蒐集資料為寫作準備，這也是有薪工作的基本要求。我一定要有充分的研究準備時間才有新意，販售智慧財產的文字工作者最忌諱的莫過於老調重彈。我聽說外面對我一位同事的風評就是了無新意，講來講去都是那一套。

此外，微薄又不穩定的版稅收入也不可靠。據我所知，多數書籍好幾年下來都賣不到五千本，而且就算我找到出版商，一本書真正要出版，至少要花兩年的時間。當我打算放棄一般受薪工作，專事寫作時，我的第一位、也是唯一一位文字經紀人說：「別自欺欺人了，你靠寫作一年能賺到一萬英鎊就算走運囉。」

二十年走來，我想自己算是幸運的。我找到一家兩個人合開的出版商，他們跟我合作愉快。我的著作中有一兩本的銷售數量遠超過我當初預期的五千本好幾倍，但我還是不能確定未來的著作也能有如此亮麗的表現。我仍然把我寫作的日子視為研究學習工作，寫作收入則當作是獎金。

認清自己的優缺點

我知道我必須用其他方式賺取真正的收入。如同其他以前擔任過主管的人一樣，我想到提供諮詢服務；即使我不能提供管理技巧，但人們說不定樂意聽聽我的建議。我忘記自己擔任主管已經是好多年前的事了，而且在學術界教管理學也過了好一段時間。結果尋求建議的人不多，唯一和我簽約諮詢的組織，最後弄得一團糟。一位深受我敬重且擔任一家主要慈善機構執行長的朋友，請我幫他重新整頓績效不彰的管理團隊。

他私下坦承：「說真的，我想把他們全都開除，但在慈善組織，這不是一件容易的事，看看你有什麼辦法。」我花了好幾週的時間深入了解這個組織，盡可能和所有組織內外的人士接觸，包括董事會。結果令我失望，但我也知道這是不可避免的。問題其實是出在我這位朋友身上，他精明幹練、擅於演說，卻是個敏感度不夠的經理人與領導者。與他共事的人都告訴我：「他遙控管理這個組織，我們根本不了解他心裡想什麼。我們不再信任他，對他的決策也缺乏信心。」

我盡可能的婉轉告知這位朋友，並且提出一些維繫他英名的方法，結果完全沒用。他憤怒的拒斥我的分析，我們兩人當著董事會成員的面激烈爭辯。我記得我對他們說，信任就像一片玻璃，一旦碎裂，不論你怎麼努力地把它黏回去，它都回不到以前的模樣了。這話說出來相當傷人，果然，我的朋友當晚就丟出辭呈。從此，他不再和我說話，也不曾原諒我。我失去一位朋友，我也不敢保證自己有幫到那個慈善組織。從那次事件後，我下了兩個決定：我絕不接朋友的案子；我絕不在組織內扮演上帝的角色。我更意識到諮詢顧問絕非我的專長。

還有一個例子也幫助我認清自己的優缺點。如果我需要錢的話，我應該去當講師，特別是擔任經理人的講師。教書意謂著我必須回到原來我待過的地方，不過卻是我養家活口最有效率的賺錢方法。有了這份收入，我就可以自由自在的從事我真正想做的寫作工作。過組合式生活的人，必須調和現實與理想。我還記得遇到一位寫電視劇本的女士，我不禁露出佩服的表情。

「哦，還沒啦，都還沒上演啦，」她說。

我問：「那你靠什麼過活呢？」我一直對別人的生活很感興趣。

她笑著回答：「我每個星期天都去包裝雞蛋。」

她自認包裝雞蛋只是維生的手段，算不上是她真正的工作。

錢不會讓你更自由

對我來說，這是一段相當重要的簡短對話。我一直認為工作會帶來一切：金錢、滿足、同伴、創意，甚至是居家好地段；難怪我一直感到失望。如今，我過著組合式生活，便可以打散這一切，做某些事是為了錢，做其他事則是有別的目的。那位女士包裝雞蛋的技術一流，我則是位好老師，因此我應該善用自己的這項才華來賺取我需要的錢財。我也知道自己應該盡一切能力教好學生，這樣才可以在合理範圍內收取最高的費用，在最短的時間內賺到我要的錢。那位女士只要在星期天包裝雞蛋就夠了，我則得多做一些有薪工作才撐得下去。

伊莉莎白和我決定，如果我找得到固定薪水的工作，那就每年撥出一百五十天來做，其中包括準備工作、行政工作、行銷工作及出差旅遊等，算算我最多只有五十天可以真正賺到錢來支持我過活，所以這五十天最好都是豐收天。接著我們挪出二十五天做義務工作，差不多是我有薪工作時間的十分之一；另外撥出九十天做家庭工作、假日休閒，我向太座承諾絕不逃避責任。

一位朋友說：「九十天從事休閒活動，你倒是挺懂得享受啊！」我和內人強調，多數人都是預期一年休五十二個週休二日，外加八個國定假日，還有至少十五天的年休假，全部加起來一共是一百二十七天。我們和多數人不一樣，我們是把所有未分配的時間加總起來，把可用時間與工作時間細分成許多區塊。我們不再受傳統工業社會作息區塊的束縛，我們可以自由自在的區隔自己的作息時間。我們認知到如果是在家工作，我們很可能會整天都想工作，沒日沒夜的停不下來。因此，我們規定自己每星期日一定要休息，另外再休假四十天，也許是一次休十天喘口氣，一年休個四次。

當我們解釋自己的計畫時，一位女性朋友的反應是：「那你們只留半年的時間去賺錢嗎？」

我們說：「我們把有薪工作的時間盡量縮短，以便有最多的時間做其他的工作。運氣好的話，我們只要花一半時間去賺錢就夠了。」

她驚呼：「夠了？你怎麼知道什麼叫夠了？你怎麼知道你不會想要得更多？」

我答道：「我快五十歲的人了，在人生的這個階段，我大概算得出未來我們需要用多少錢。運氣好的話，書的版稅收入還可以補貼一點；賺錢超過我們所需是毫無意義的事。」

她說：「我不認為你會知足，多賺的總是可以留給子女，或給自己多一點享受啊。」

「我不要慣壞子女。問題的重點是，如果我們多花時間賺錢，我們在真正想做的事情上花費的時間就愈少，而我想做的是寫作，伊莉莎白想要攝影。我們不想當錢奴；事實上，我們把知足的標準設得愈低，就會有更多的自由去做其他事。錢不能讓你更自由，它會把你死死的綁在有薪工作上。」

這位友人搖著頭離去，但從此以後，我們為每年的收入都訂出一個固定金額。我出生在宗教家庭，行事穩健保守，因此我把這個額度訂得很寬，但我很有把握在分配時間內一定能做到這個額度。收入本身也是組合性的，每個人都不是靠一張支票就能決定的。有些人靠退休金、存款利息及繼承財產的孳息過活；我把這種錢稱為「睡覺時賺到的錢」。我都沒有這類的收入，不過我倒是在以前任教過的商學院有份固定穩當的教職，這就是一個好的開始。此外，我零星寫下的一些文章也有稿費收入；新書的預付版稅；公司教育訓練計畫的指導費用；還有意想不到的電視主持費。

這些收入全部加起來剛好夠用；但是我知道自己並沒有在賺退休金，也沒有先預扣稅款。當我還在組織機構任職時，這些收入先在源頭就扣除一部分了。過組合式生活的人必須體認到，他們現在的所得是毛所得，而非淨所得；你的所得絕非像以前那樣多。我的會計師告訴我，想必你也樂於聽到，人過六十歲，所得的四〇％可以投入退休金計畫，完全免稅。話是不錯，但你首先得賺到那額外的四〇％收入才行，另外繳稅還要占掉三〇％的收入，而且是先扣掉的。換句話說，我得比原先預估的要多賺七〇％，才能享受那四〇％的租稅減免。獨立自主還真是樂趣無窮呢！堪稱告慰的是我的收入來源多，風險分散，丟掉一項收入我還能苟延殘喘，不會一蹶不振。

塑造自己成為品牌

然而，自謀生路的頭一年，我可真是精打細算過日子。我面臨獨立工作者的困境：如何推銷自己，以及收費標準為何。我在牧師家庭長大，錢是避口不談的，推銷自己會被認為是吹牛自大。我不禁納悶，其他獨立工作者是怎麼做的呢？像是演員、音樂家、運動明星或時尚模特兒等。後來我才知道，這些人都是付錢請專人為他們作宣傳；的確，我已經有一位經紀人，但他只是負責我的寫作工作，還是不夠。

這次又是伊莉莎白來解救我。她討厭我有隨傳隨到的習慣，不論是演講、傳道或教書，我都迫不及待、來者不拒。然而，往往回到家只有微薄的車馬費或感謝狀可以繳庫；因此，伊莉莎白自願當我的經理人，她堅持要事先和對方協商，我才可以接下案子。事實上，她的確寫信給最近幾個活動的主辦單位，說明我很抱歉未事先言明演講費，若能補寄，無任感荷。結果，每個主辦單位都無異議的把錢寄來。我原本天真地以為，在商業晚宴上上演講是沒錢可拿的。不過，這種事一教就會。

雖然沒有接受過商學訓練，伊莉莎白直覺就知道該做些什麼。她專注在我的有薪工作上，她認為這樣即使客戶千百種，我都可以套用一個模式來應付。

她說：「你必須成為一個品牌。」

我問：「你從哪學來這個行銷術語的？你一定唸過一些行銷學書籍吧？」

「這只是常識而已，人們必須要知道你代表的是什麼，他們要知道自己付錢請來演講或教學的人有什麼本事。如果我以你的所作所為為榮，如果我認為你有過人之處，我才能把你推銷出去。好吧，如果你喜歡的話，你就叫它聲譽吧；不過你得建立自己的聲譽並維護它才行。」

把自己塑造成一個品牌，聽起來怪怪的，但伊莉莎白是正確的。組合生活者不可能是個通才，他們若想在擁擠的就業市場上不花大筆宣傳費就脫穎而出，勢必得在某方面與眾不同。對獨立工作者來說，與眾不同就是聲譽。

主動出擊，運氣站在你這邊

話雖如此，還是要有點行銷手段，你要讓全世界的人知道你的存在及才華。有些新進的獨立工作者發送宣傳手冊，有的則寄履歷給所有想得到的人。有的人則設宴娛樂賓客，寄望放長線釣大魚；不過，我覺得這麼做無異是對牛彈琴。當我從溫莎古堡離職時，我們請了一群朋友與熟人共進午餐，我們心想他們或許會問接下來我有何高就？這樣我就可以順水推舟請他們幫我留意有無適合的工作機會。然而，我這個如意算盤打錯了，他們通常都以為我退休了。有人還提醒我早上別忘了起床，工作機會就更沒指望了。

無論如何，風聲還是會走漏的。最後還是有人打電話來，邀請函也寄到，不過多數都不太適合我。伊莉莎白告誡我，這些案子對我的聲譽沒有幫助，她在我提出抗議前，就把它們全都回絕了。送走到手的肥羊不是件容易事，不過伊莉莎白是對的，自己的聲譽要自己維護。

不過，我運氣不錯。你寫一本書，出版商就會要求你配合宣傳打書，參加他們安排的訪問及宣傳等造勢活動。在你參與這些活動的過程中，就等於是為自己打知名度並建立個人的品牌形象。不管你用的是哪種方式，一般都要花費兩年的時間才看得出成果，畢竟你得做出一些成績，靠滿意的客戶口耳相傳，才能打出你的知名度。這是為未來鋪路的一種方式，接下來就等著收成吧。

我雖然稱之為運氣，但運氣通常是掌握在我們手裡。我常對學生說，沒錯，蘋果是會掉到我們頭上，不過，與其守株待兔，不如去果園搖一搖蘋果樹來得實際些。出版商通常不會主動邀稿，你必須自己先寫好書，必要時自己出版，伊莉莎白的頭兩本攝影集就是自己出版的。主動出擊，整個果園就是你的了。

我的有薪組合式工作算是特例，它是專為我這個專長不多的人設計的。它的細節、時間分配，不能作為其他人的參考模式，因為每個組合生活都是與眾不同的，這正是創意的迷人之處。許多主管的確成功轉型為專業諮詢顧問，其他人則過著非主管的組合式生活。有的人把多餘的資金投資在小型新創公司上，除了提供資金，也提供經驗。我們的子女打從一開始就決定要過組合式生活，兒子的例子算是有點亂七八糟又無可奈何，身為演員的他知道演戲不夠填飽肚子；不過，當骨療師的女兒就比較會仔細規劃，她一星期做三天的骨療工作，如此一來，她就有時間去做其他創意性的工作，把工作與生活區隔開來。

掌握命運，愛惜羽毛

對生活在組織中的男女來說，組合式生活或許是個新觀念，但對從未在組織內工作過的人來說則是了無新意。我們認為這種人應該更多，因為從外表看來，他們往往像是活在組織中，而不是個自雇工作者。英國登記有案的營利事業有六〇%沒有員工，只有企業主。這些企業跳蚤有的持續認真創業，成就自己的新企業。多數的企業跳蚤則繼續過著個體戶日子，只不過披著獨資企業的外衣罷了。就像所謂的約翰史密斯聯合事務所，往往只有約翰．史密斯獨撐大局而已。

此外，還有自耕農、工匠、手藝家、家具師傅、計程車駕駛、攝影師、早餐店業者、打零工者及園丁等，這些日漸增多的自雇工作者根本沒聽過什麼組合式生活的時髦名詞。不過，他們都知道收入的來源不同，而且金額不定；自己的命運要自己掌握；沒有任何人或任何組織能夠、或應該擁有我們。他們同時知道自己的時間要自己管理，即便不是管理得很好；即使他們從未從量化的角度來想事情，他們也知道知足常樂的道理；他們也知道愛惜羽毛、維護聲譽，生意才不會斷；這些全是組合式生活的中心思想，也是跳蚤生活的重點所在。

並非所有的獨立工作者都是志願的。往往當組織瘦身裁員時，以前沒想過要自謀生路的人，也只好步上這條路。然而，就算一切運作順利，組合生活也不是那麼一片美好。溫斯頓．弗萊徹（Winston Fletcher）是一位成功轉型到組合生活的廣告公司主管，他的工作包括有薪工作、義務工作、諮詢顧問及非主管工作，他說得好：「組合工作者只受雇於自己，聽起來像是一種恭維，不過，這同時意謂著你無法找人代班；每次你都得準備充分、表現良好。相對於組織內的工作，組合工作顯得比較孤單。組合生活代表你必須一直馬不停蹄……很難掌控日期及會議時間。一般說來，組合工作的雇主並不提供辦公室或祕書。在目前這個筆記型電腦、電子郵件及傳真普遍的時代，或許你會認為沒有辦公室也無傷大雅。其實不然。」他認為影響最大的是那些已經習慣組織內主管職務的人，沒有辦公室及祕書，對他們來說，等於放棄權力來換取影響力。他接著說：「你不再是組織的負責人……一切已經無關緊要了。組合工作會讓你更有自尊，但沒什麼機會讓你實現野心。」

以權力換取影響力

你不必像弗萊徹一樣，以諮詢顧問為組合工作的重心。不過，他倒是說對了一點，組合工作者很少能夠經營一個規模相當的組織，我們的確是以權力來交換影響力。我倒是覺得如釋重負，而且正如弗萊徹所說，還有點受寵若驚。我晚上再也不會躺著睡不著，擔心授權錯誤，擔心未完成既定工作量或超出預算，甚至擔心有人亂丟菸蒂把溫莎古堡給燒了。在另一方面，當我應邀對一些菁英分子或上流社會人士演講時，我知道自己能站上講台是憑本事，而非憑職務頭銜。

然而，對那些以權力換取影響力的人來說，最令人欣慰的莫過於發現自己所拋出的觀念，被你從不認識的人所接納與採用。我曾經收到一封來自地球另一端讀者的來信，因為沒寫地址，所以我無法回信。信中只寫著：「多謝你的書，它帶給我希望，改變我的人生。」對我來說，這封信抵萬金。絕對不要低估了影響力，二十世紀最有影響力的人物，像是佛洛依德（Sigmund Freud）、愛因斯坦

（Albert Einstein），以及全球資訊網的創始人柏納李，他們不是大權在握的人，但他們對我們的思考及生活的影響力卻是相當深遠的。當人們淡忘權傾一時的希特勒、邱吉爾及史達林時，愛因斯坦等人的影響力則未曾稍退。莎士比亞是英國人選出上個千禧年最具影響力的人物，他唯一掌握的不過是文字而已。

有自信接受抨擊

唉，當然不是一切都是這般甜蜜。也有人寫信批評或侮辱我；會議主辦者婉轉的轉來參加者的回饋意見，有的人說你的內容根本了無新意、一堆垃圾，還有人說得更絕，他說我是老王賣瓜、自賣自誇。還有，如果你敢寫作來表達自己的思想的話，那就別怕書評。哦，那些評論啊！所有的作者、演員及其他表演者宣稱從不看評論。才怪呢，他們全都屏住呼吸，好話就跳過去，反倒是專注在抨擊的一字一句上，深怕被它給說中。出版商認為，所有的書評都是好的，它代表你受到重視；話說得好聽，要在意書評的又不是他們。

我早期的一本著作，被《經濟學人》雜誌批評得體無完膚，我心情沮喪的打電話給出版商。

「怎麼會呢？書評旁邊還有一張照片，《經濟學人》幾乎不會這麼做，真是太棒了。」我還是不敢相信。我到現在還是一字一句清清楚楚的記得十年前一段尖酸刻薄的評論，那是愛爾蘭《會計人期刊》（*Accountants' Journal*）登出的書評，這本期刊雖然並非全球發行量最多的刊物，但對我的衝擊一樣巨大。那位老兄真是一針見血，點出我的弱點。為了撫慰我受創的心靈，伊莉莎白幫我安排在都柏林的酒吧見見這位仁兄。

這位書評人一見面，就從口袋中拿出一張稿紙，他說：「你該看看我原先寫的書評，恐怕會讓我吃上毀謗官司哦！」原來，他正是一位不得志的作家，他氣自己沒出過書，而我竟然敢把這種寫得比他還爛的書拿來出版。唉，總算除掉了一個怪胎，不過，肯定以後還多的是。

然而，現實擺在眼前，自謀生路者就得直接承受打擊與恭維。獨立生活，所謂的自由工作者（freelance），中古時期就是傭兵之意（free lance），這種生活是沒有隱密與屏障可言的。你必須有自信心；就算別人抨擊或謾罵，你也願意從回饋中學習。另外，你也得接受一個事實：要敏感的察覺客戶需求，你就得厚著臉皮，不怕被拒絕或受傷害。人生沒有事情不必付出代價，但我以過來人的經驗來看，組合工作給我的自由度，遠超過它帶給我的傷害。

永不退休的跳蚤

組合式生活有它的好處，但一開始恐怕是最難熬的時刻。你不僅需要具備有價技能，還要能賣得出去、懂得訂價，要不就得請專人來做。雖然我的組合式工作比較像是一連串的短期緊密關係，好比是萍水相逢、好聚好散，但多數組合式工作的確很孤獨。再次強調，我算是幸運的，我的經紀人與經理人就是屋簷下的枕邊人，如此一來，我不但不寂寞，連佣金都沒給外人賺。

然而，愈來愈多的人遲早必須面對這種生活方式。不管是商業或非商業的組織，一定會持續刪減核心人事費用，但在營運範圍及內容上則會持續擴張。它們會透過業務外包取得需要的勞務與專業，其中許多來自專業公司以及個人。組織的核心幹部需要年輕人投入時間與精力，才能應付二十四小時的全球化作業。資深幹部還需要一些，但不會太多。更多組織將會像軍隊一樣有年齡分層，好比一個金字塔，底部是廣大有幹勁的年輕人，很快向上縮減為頂端的幾個精明人士。就像是軍隊一樣，組織工作將成為許多人的第一份職業，也是跳蚤生活的序曲。

對許多人來說，組合式生活一開始可能有早期退休金作為緩衝，或是有自由工作合約在身，可以先撐一下。這種生活無所謂退不退休，對組合工作者來說，沒有固定的停止工作時間，只有工作組合比例稍微調整罷了，像是有薪工作少一點，其他工作多一點。當你問年紀大的組合工作者從事什麼工作時，回答肯定是洋洋灑灑一大篇。就算他們現在的主要收入來自退休金或儲蓄存款，他們也不自認為是退休了，就像有一位婦女從不說自己退休，對她來說，總是有地方、有工作可以做的。

我一直認為退休就是人生的盡頭，所以我認為永不退休是個好消息；壞消息則是獨立生活會養成一個人自私的習慣。身為跳蚤的我們，會把自己與自己的未來放在第一位，其次是我們的專案、小組或團隊，最後是組織、社區，有時才是家庭。沒有承諾，對別人就不會有責任感，沒有責任感就沒有關懷。

跳蚤式生活潛在的最大威脅就是一個自私的社會，我將在最後一章探討這個問題。我對這項挑戰並沒有解決之道，只有一些期許。本章中我討論個人成為個體戶的心路歷程與實際經驗，萬事起頭難，後來就倒吃甘蔗了，因為在我將滿六十歲時，我的確感到人生充滿刺激。等待時間雖久，但的確值得等待。我只能鼓勵其他人勇於嘗試，堅持下去找到最適合自己的生活方式與工作組合；別再強顏歡笑，認真追尋自我與真我；放下權力，尋求影響力並享受它帶給你的樂趣；知足方能自由自在。

第九章

聰明有彈性的生活組合

photograph © Elizabeth Handy

我自謀生路後十年，工作才有起色。

我的文字經紀人，把我的第四本書賣給了一位新出版商及新編輯。這本書的風格不同以往，它不是為學術界、學生、甚至經理人所寫，而是為一般讀者所寫。作家總是不喜歡讓自己的作品落於通俗，但我對這本暫定為《變動》（*Changing*）的書卻有著異於平常的緊張。它勾勒出一個完全不同於過去的世界，新世界中許多我們過去視為理所當然的事，如今卻會把我們搞得昏頭轉向。我不敢說這本書夠有說服力，或是老少咸宜、雅俗共賞。編輯把書稿帶回去在週末閱讀，並介紹給她的一些同事。

她星期二打電話給我，她說：「我覺得書名應該改成《非理性的時代》（*The Age of Unreason*）。」

我略帶訝異的回答：「好書名，可是書裡完全沒提到非理性啊。」

她說：「那就加進去啊，你想想，整本書不就是要人以非理性思考嗎？哦，對了，你少了個適當的結尾。」

當時我就想到蕭伯納（Bernard Shaw）著名的一段話，他說所有改變來自非理性的人們，因為理性的人只會預期一切都按部就班的運作。我把這段話加了進去，又寫了一段相當感性的結尾，並且改了書名。我想改書名確實有扭轉乾坤的效果，現在回想起來，哪個人有興趣去唸一本叫什麼《變動》的書啊？

當時的那位編輯是蓋爾·芮布克（Gail Rebuck），現任藍燈書屋（Random House）董事長，我很高興她一直是我的出版商。她教導我，一個人對於善意忠告，甚至是批評，應該虛心受教，不應該傲慢與過度敏感；當局者迷，旁觀者清，我們往往不是自己作品的最佳裁判。作者是幸運的人，他們有編輯把關，而編輯是你的同伴、盟友，並非對手。當然，看到自己的作品被刪改，佳句被打上問號，心裡當然不是滋味；雖然最後接不接受刪改的決定權還是在我手中，但我心裡有數，編輯都是希望書能寫得更好。我體認到擁有一位和你的希望與野心一致的友善書評人，真是三生有幸。

那本書相當暢銷；最重要的是它在美國出版，多虧另一位有遠見的出版商卡羅．法朗哥（Carol Franco）的協助，當時他正積極籌設哈佛商學院出版社（Harvard Business School Press），這是一九八九年的事了。美國人基本上瞧不起歐洲的管理或商業思想，認為歐洲只是菜籃經濟罷了。幾乎沒有歐洲的管理學書籍作者會在美國出書，如果有的話，也是鳳毛麟角。對我來說，這算是一大突破。我一夕成名，靠著自己的名號，勇敢打入執商學理論牛耳的美國。《財星》雜誌專文介紹我，各地的演講邀請開始陸續寄來。此時，你很容易被沖昏頭，忘記知足常樂的告誡。隨著時間的流逝，我想起希臘古都德爾菲（Delphi）阿波羅神殿上刻的一段文字：「過多即是空」（Nothing in Excess）。

我那時也很容易就會忘記伊莉莎白也有自己的野心。有一天，她對我說：「我很替你高興，但我現在完全活在你的生活中，我沒有一點自己的時間與空間，我熱愛攝影，希望能實現願望。」

過去五年，她每週花一天的時間在西敏寺大學（University of Westminster）攻讀攝影學位，最近並以優異的成績取得學士學位。我該記起自己的另一套理論，它發表在我最近才在全球上市的一本書中，結果我在自己的日常生活中反而忘記了。如果你不時時提高警覺的話，成功往往會蒙蔽你。

工作與婚姻的平衡

這套理論源自於我二十年前在倫敦商學院所做的研究，當時還不流行主管壓力這個名詞。儘管如此，看看自己面臨工作與家庭的雙重壓力與衝突，我心想是否能找到平衡工作與婚姻的線索？我想說不定可以找到一些神奇的公式，不但對我有幫助，也可以成為我寫作的題材。不發表就解聘（publish or perish）是學術界長久的定律，而我當時尚未發表過任何作品。

我手邊倒是有一些現成的研究對象；他們是企業主管，都是我過去三年管理研究班的學生。他們大部分都住在倫敦或倫敦近郊，訪問面談不成問題。多數人都在三十五歲上下，已婚，育有二到三名年幼子女；其中二十三人答應參加這項研究。夫妻雙方必須填妥一份態度調查表〔正式名稱是「愛德華個人偏好量表」（Edwards Personal Preference Schedule）〕，並與我那位畢業於美國、主修心理學的研究助理潘姆．伯格（Pam Berger）長談。

當然，這種抽樣並不客觀、也不夠恰當，充其量只能當作初期研究罷了。這在當時也只是剛萌芽的一項研究，就算你稱之為婚姻模式研究，也一下就洩了底，因為當年不過是一九七二年。言歸正傳，這些主管都是男性中產階級，都是第一次結婚，婚姻生活和諧美滿，他們都希望白頭偕老，否則也不會答應參加這項研究了；他們全是英國人，在商業界、政府機關或公益團體都算小有成就。不過，我希望這項研究能找出管理家庭與工作的一些指標、一些線索，作為日後進行類似大規模研究的基礎。我甚至妄想如果能訂出一套簡潔的公式，幫助大家在商場上擁有成功的婚姻，那我不就一舉成名天下知了嗎？

當然，這件事並沒有發生。人生既難預料，亦難管理。不過我們的確發現一些獨特的婚姻模式，我現在稱之為男女關係的各種選擇。

這項問卷調查在《非理性的時代》中有詳細描述。我們根據受訪者獲得的關鍵分數將他們分成四個區塊，問卷的關鍵分數顯示的是受訪者不自覺的偏好，可能是追求成就感或自主，或是追求關懷及支持，而不是追求主控權。

四種婚姻模式

我們把各區塊分成A到D，並且賦予名稱，以顯示其所代表的混合偏好。B區稱為衝勁十足（Thrusting）區，因為它代表希望追求成就（Achievement）與自主（Autonomy）；A區則稱為積極參與（Involved）區，它結合了成就與關懷（Caring）；D區全部都是關懷；C區則都是自主，因此我們稱之為獨行俠（Loner）區。各區組合而成的圖例請見圖一。

接著我們把每對夫妻所在的區塊結合起來，賦予它一個中性的名稱，諸如AA或BD。雖說理論上有十六種可能的組合，最後我們只得出四種組合，這完全是根據問卷的關鍵分數所歸納出來的。當我們比較各種組合夫妻的相處關係及生活安排方式時，有趣的部分就出現了。

BD是最多的組合模式，它也可以被稱作是傳統婚姻（Traditional Marriage）模式。在這種模式中，丈夫幹勁十足，強調自主；太太則付出關懷。BD模式中，丈夫的工作是全家生活的重心；太太扮演賢內助的角色，照顧、關懷家中成員，打理家中瑣事，讓丈夫無後顧之憂，

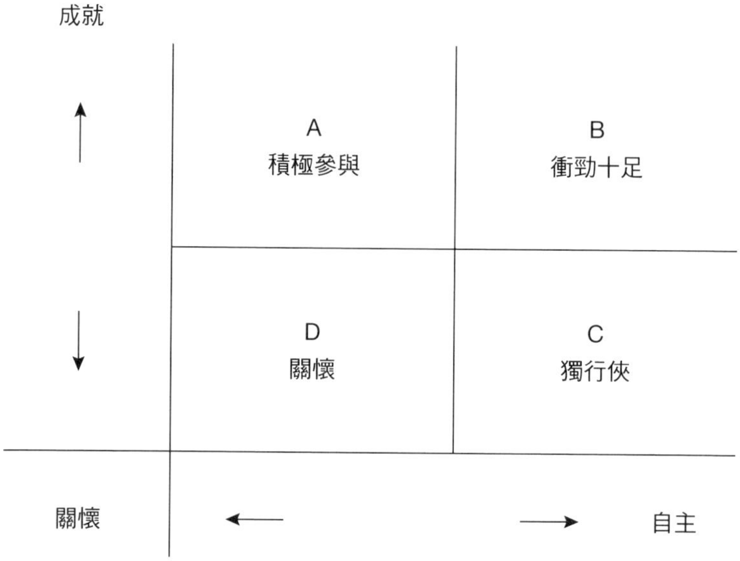

成就 ↑ ↓

A 積極參與	B 衝勁十足
D 關懷	C 獨行俠

關懷 ←　　→ 自主

全力拚事業。

另一種模式是ＢＢ，也稱為競爭婚姻（Competitive Marriage）；夫妻兩人都屬於Ｂ區，全都幹勁十足且自主性高。他們有同質性高的全職工作，膝下無子女；生活過得很時髦，擁有跑車及現代化公寓；常常外食，很少開伙；雙薪可供揮霍；夫妻既競爭又合作；努力工作、盡情玩樂，白天時間大部分都是各過各的。

還有一種模式是ＣＣ，也叫做隔離婚姻（Segregated Marriage）；夫妻兩人都是高度自主的獨行俠，但在其他三個方面的需求則不高。他們湊合著住在一起，共同扶養子女，但在時間與空間上並無交集。家中連一起進餐的餐桌、椅子都沒有；家中成員，包括年輕子女，各自解決三餐、打發時間。

不過，分享婚姻（Shared Marriage）也是另一種主要的婚姻模式；這種是ＡＡ模式，夫妻雙方分擔所有的角色。他們在成就與關懷這兩個面向上獲得很高的分數；夫妻都上班，但也分擔家事及照顧子女的工作。傳統婚姻模式中，家中各個區域的功能是既定的（餐廳、客廳、書房、廚房等等）；分享婚姻則是開放式空間，以凌亂的廚房為主軸，幾乎什麼事都可能在此解決。

婚姻關係要隨人生變化

或許這四種模式也沒什麼特別，各種模式的夫妻都說自己很快樂，我們的朋友當中也不乏這些婚姻模式。接下來我們就和其他人討論我們的研究結論。

有些人說：「你目前的研究只是浮光掠影，你該研究一下各種模式是否經得起時間考驗而維持不變，這樣才有意思。」

其他人附和道：「沒錯，許多婚姻一開始都是平等對待，很像你所說的競爭婚姻，但孩子一出生，情況必然會改變。正當事業要起步時，卻得有人在家照顧孩子；通常是女性留在家中，在子女年幼時，則陷入傳統婚姻模式。」

又有人說：「未必一直會這樣，當孩子大一點時，我們就進入分享婚姻模式，分擔工作與家事。」

另一個人說：「我們試過那種方式，但壓力很大。我婉拒晉升，只因升遷後，我們必須搬到另一個地方，我的另一半及孩子也必須換工作、換學校，這對他們可是壞消息。你不可能滿懷抱負又得分擔家務。」

一位年紀較長的男性說：「我的婚姻生活正符合你所說的那些模式。我們剛結婚時是一個理想的分享婚姻，接著我獲得晉升，兩個小孩又呱呱墜地，婚姻模式就轉為傳統婚姻，內人也放棄自己的工作。當孩子年紀漸長，內人再度就業，有段時間我們的確也體驗到競爭婚姻的快速腳步，不過很快我們就退化成你說的隔離婚姻，去年我們已經離婚了。」

人們的婚姻生活的確會因時制宜，我做完那項研究十年後碰見理查，他在當年的研究樣本中屬於競爭婚姻模式。現在的他不但發了福，衣著也頗為體面，很明顯過得不錯。

「茱蒂還好吧？」我一邊問，一邊想著茱蒂大概已經離開查理了吧。

「茱蒂很好啊，我們現在和兩個孩子住在鄉下，她樂得很呢。」

他們很明顯的轉變為傳統婚姻模式，而且似乎很滿意。

我反思，或許婚姻關係要能隨著人生不同的階段而變化才能持久。我注意到許多朋友及同事在孩子長大離家後，很難調整傳統婚姻模式，因此產生適應不良的狀況。突然間，維繫兩人感情的人、事已不存在，孩子長大不需要你教養，父母過世或住在養老院。兩人過得似乎是不同世界的不同生活，各有自己的朋友及興趣。

有時兩人還會共同掙扎一段時間，過著隔離婚姻的生活，有時是為了孩子，有時是習慣使然。然而，往往是一方找到第二春，展開新的婚姻生活模式。一位朋友娶了同事，出乎大家意料之外，他竟然住在類似閣樓的新房子裡，負責下廚準備三餐，並且對這種分享婚姻甘之如飴。

相反的，另一位男性友人，原本扮演傳統婚姻的賢內助角色，妻子則是光鮮的上班族；突然，他就離開妻子與新伴侶同居，日子過得更為儉約。他說：「我覺得困在自己扮演的角色中，我要找一個興趣相投的人共同生活。」

我和伊莉莎白也有女性朋友這麼做，他們靠著換伴侶來改變婚姻模式；但我發誓在我的新組合生活中，我們不會這麼做。在我的宗教信仰中沒有離婚或分居這回事；再說，我和內人也深愛對方，我希望啦。我過去以為並假設我們過著分享婚姻，彼此關係像是合夥人。其實，我們在不自覺中，已經陷入傳統婚姻的一種變形模式了。孩子不在家、不需要伊莉莎白的照顧，但是她仍然照顧著我，犧牲她的工作及興趣。

我們必須做一些抉擇。

她說：「你可以請一位祕書幫你，然後加入演講家協會，他們會幫你找許多演講機會，這樣你就請得起祕書，我也可以專心攝影。」

不可或缺的另一半

我想起當年所做的研究。伊莉莎白的建議會導致隔離婚姻模式。我愛她甚於我的工作，因此我無法接受這種婚姻模式。再說，我需要她當事業夥伴，她的直覺、她的睿智批評、她對組合工作混合比例的堅持、她的行銷能力與旅遊組織力，對我來說，在在不可或缺。就算我重新培養這些才華，一切也不會和伊莉莎白在的時候一樣。我一定要找到解決之道。

唉，在我的研究結果中，找不到清楚明白的解決之道。她在安排我的工作時，就無法做自己的事；我們得想個辦法讓她有時間兼顧兩樣事。我心想，或許我的研究中還有不同於原來抽樣的其他婚姻關係組合模式。我納悶著，是否有可能自創分享婚姻的一種改造模式呢？最後，我們決定把一年的時間打散，在原先的工作組合上再加一個區塊。

我同意把我的有薪及義務工作在冬天的六個月裡完成，夏季的六個月則歸她支配。我在夏季的時間也可以做研究學習，蒐集並消化我寫作的題材。在內人支配的六個月中，我會竭盡所能助她一臂之力。我雖然不是攝影師，但我可以幫她扛器材，撐傘遮陽避雨，充當她的司機與夥伴，並且幫她潤飾攝影集中的文字敘述。說起來容易，真正細分起來可不是這麼單純。我的作品總需要一些事前規畫，這就會占用她的六個月時間；她的攝影集準備時間，有時也會侵犯到我的時間。當然有時也會有極端例外的情形發生；不過只要我們事前同意例外情況可以被接受的話，就不必因為占用對方的時間而受罰。

於是我便將工作時間加以切割，我告訴未來的客戶，夏季的月分是我研究學習的「閉關日」，希望他們下一季再來惠顧。這些客戶並不是能夠完全了解我的想法，而我也必須接受。伊莉莎白冬天休息的理由聽起來就充分多了，她強調以她的攝影風格，必須在夏天拍攝，因為冬天的自然光不足。不過，並不是所有的客戶都會願意為了他們的攝影集或是聖誕特輯而等上半年。我們發現必須有勇氣拒絕一再懇求的客戶，而且我們在一開始就設定太多的例外情況。

接下來還剩家事沒安排。孩子成年離開家，不需要我們的照顧；雙親已過世，也沒有奉養的問題；不過，我們兩人整天都在家工作，接待客戶、在家開會、招待朋友，這代表著我們有一堆家事及烹飪要做。我們的生活分別在倫敦及鄉下度過，在鄉下，我們就從事創意工作。我們的時間幾乎是平均分攤在兩處，因此我們同意一個人負責一個家的煮飯、宴請賓客及家務。我選擇鄉下，部分原因是閱讀與寫作都是用腦的活動，烹飪不失為是一個調劑的好方法。伊莉莎白也很高興負責管理倫敦的房子，這樣她在鄉下就可以專心攝影，儘可能不必分心。

重新安排生活，有如再婚

我們挖空心思想出這種生活方式，也帶來意想不到的後果。比方說，我們兩個幾乎是焦不離孟、形影不離。有一次開會，一位管理顧問好心安慰伊莉莎白，說她嫁給一位要巡迴演講的先生，一定要有很大的耐心。

他說：「我很欽佩做太太的人能包容丈夫不在身邊的情形，告訴我，你先生離開家庭最久的時間是多長？」

伊莉莎白笑容可掬的說：「大概十五分鐘吧，就是他去超市的時候。」

令許多人訝異的是，我們夫妻就喜歡這樣黏在一起。古諺有云：相守一生，小別勝新婚；這個講法對我們並不適用。或許我們的生活方式都是回歸傳統。家父每天中午都回牧師宅邸吃午飯；伊莉莎白的父親是一個軍營的陸軍軍官，多數日子，近午時分也會回到家。我幼年在愛爾蘭鄉間長大，從沒聽過誰不回家吃午飯；就算是店家及律師，中午也會休息。

我們也很高興彼此都認識對方的朋友，在我們的新組合生活中，很少有私人友誼存在，減少感情出軌及和哥兒們胡鬧的機會。我們就像雙胞胎一樣，有她就有我，有我就有她。

這就是我們的分享婚姻模式，不過，一天當中多數的時間，我們也是過著一種隔離婚姻的模式。我們在個人的房間各自工作，扮演不同角色；我們的個性不同，習慣也不同。你只要看一看我們的工作空間，就很容易發現我們兩個人是不可能在同一個房間內一起做事的，甚至同一個廚房都容不下我們兩個人同時存在。當然，這種生活也不是沒有壓力與限制存在。既然是共處，就要有求同存異的包容，但只要一方疏忽或忘記，包容就不復存在了。

我們目前的生活和我們在一起的頭二十五年已大不相同。有時我會認為我們好像又結了一次婚，因為我們又發現彼此的新特質；差別只在於再次結婚的還是相同的兩個人。正因為如此，在我們的「二度婚姻」中，沒有人為了財產而爭吵。我過去可說是形同兩個分裂的人，一個是工作的我，一個是上班的我，我也不曉得哪一個才是真正的我。然而，現在的我就這麼一個，我一開始有種患得患失的感覺，稍後就釋懷了。

我們區隔生活的方式不是每個人都適用的，就拿分配工作來說吧，很少人能把組合工作單純俐落的區隔成兩部分。因為能這麼做的夫妻檔，肯定是與眾不同的；再說，很少夫妻會有這麼速配的才華，彼此相輔相成。此外，時間點也很重要；我們在人生更早一點時，並無法過組合生活，因為那時孩子還小，房貸壓力及各項支出的壓力都很重。

對許多人來說，我們這種生活似乎好得太離譜了吧，時時刻刻都感受到對方的存在。多數人都想要有更大的自我空間，就連我原本也不看好這種生活。我描述這種生活的目的，是希望有心人可以發展出適合的跳蚤生活模式。許多人已經找到自己的模式；想想演員、運動選手、醫生、建築師、顧問等，他們往往嫁娶同行，但鮮少同時在同個地點工作。如我先前所說，我們更多人會過著像演員般的走秀生活，或是與這種人共同生活。另外還有一些分享及隔離婚姻模式的混合類型；有的夫妻湊合著分居兩市、兩國、甚至是兩個大陸，他們找時間鵲橋相會，共度週末或聚個一兩個月，變換彼此的角色。他們認為短暫相聚的強烈滿足，彌補長期分離的思念；再說，他們認為分開時，更能專心投入工作。

要懂得因時、因地分配工作時間

事實上，你若想要主控自己的人生，就要懂得因時、因地有效區隔自己的作息時間。農業時代的星期天及節慶等舊有假日，被後來工業時代的世俗節日所取代，像是週末、國定假日及年假等。現代的資訊及全球化帶來新的壓力，不論何時，全球一定有某處是永不停歇的，就算是十二月二十五日的聖誕節也不例外。以前這個節日，至少基督教世界是會暫時停擺的，如今只有英國鐵路公司放假停駛。全年無休已經不是醫院及飯店的專利，法定休假日愈拉愈長，但是行動電話及電子郵件照樣如影隨形跟著你，把工作傳到海邊或游泳池畔給你。

我曾參加過一家跨國企業正式的願景與價值宣言發表會，在場的還有三十名高階主管。公司藉著宣言將其未來政策的指導原則書面化，宣言第六條宣示：公司積極鼓勵員工追求工作與家庭的均衡。此時，有人舉手了。

舉手的人問：「那為什麼今天禮拜天我們還在這裡開會呢？」

執行長回答說：「因為這是唯一大家都有空的一天。」

立意良善卻得向現實低頭，多數的組織如此，跳蚤生活亦若是。

不管是傍晚或星期日，即使你下定決心不管公事，然而當專案期限屆臨，或是突然有新創意時，你很難不再度投入工作。工作給人極大的刺激感，有時是千金不換的快感。在新的倫敦商學院成立之初，面對付出大筆學費又汲汲「吸取」新知的學生，我很難抽身。有些組織試著在晚上或週末時鎖上辦公室，以免員工工作太辛苦，然而這都是白搭，在個人電腦、電話及傳真普及的情況下，現在的員工照樣可以把工作帶回家做。

生活更彈性，人生更富裕

法國人相當有膽量，他們抗拒全年無休的工作時間，立法規定每週工時為三十五小時。這項舉動獲得時薪工作者壓倒性的贊同，因為他們可以有更多的時間陪陪家人或享受休閒時光。但組織仍需維持原來的工作時間，因此每週三十五小時工時便平均分攤到整年，方便組織配合自己的需求調整作業時間，有時則是配合個別工作者的需要。事實上，法國的生產力已經提升，部分原因是來自縮短每週工時；此外，縮短工時也創造更多就業機會，雖然我沒有確切的統計數據來驗證這個結果，不過，上班族或在家工作者都因此有更多彈性時間可以運用應是無庸置疑的。

即使工作者並不想用更多的自由時間做更多事來換取更多報酬，但隨著組織釋放出更多的彈性運用時間，更多的工作者將被迫進入自由工作的領域。同時，組織也將步上組合工時之路，才能妥善運用新工時法。弔詭的是，法國很可能成為一個跳蚤工作狂遍布的國度。

工作與休息的傳統區隔組合如今已不再適用，我們必須發明新的區隔組合。我認為未來幾年，組合式生活的思維一定會打入組織內部。你會看到人們已逐漸強調工作與生活的平衡（好像這兩者完全是兩回事似的）；兩性就業法中的育嬰假愈來愈長；組織也願意給不可或缺的人才休長假；但最重要的是，人們已看透犧牲自由去交換績效獎金的幻夢。

為了留住並吸引下一代的人才，組織發現必須讓一些關鍵人才自由發展他們的工作組合；這可能包括組織必須保證在人生的特定階段有一定的顧家時間、各種學習研究時間、社區義務工作的機會，甚至是組織內的有薪工作組合。設立網路分公司或擁有內部創投計畫的這類組織，更會感受到來自員工求新求變的壓力，而且它們也必須許自己一個新的未來才行。

研究證實組合生活的要素，像是彈性工時及工作分攤（這種方式女性用得最多），能夠增進生產力及提高工作滿意度。英國電信（ＢＴ）把彈性工時視為某些部門留住人才的重要方法。大象需要跳蚤的刺激，跳蚤則想掌控自己的生活，建立自己的工作組合。如果跳蚤能在大象的庇蔭下開拓自己是最好不過了，這樣可以避免在外單打獨鬥的一些缺點。

隨著組織放鬆對工作時間的控制，我們就能更自由的來安排自己的組合式生活。即使是要損失一些所得，我們也應該藉此機會重新求得工作組合的平衡。當人生近黃昏時，你會發現行事的優先順序產生變化，你會希望從頭來過時，做事方法會不一樣。但何必要事到臨頭才能有所頓悟呢？一九九八年諾貝爾經濟學獎得主阿瑪帝亞·沈恩（Amartya Sen）堅持財富不應以有形的擁有數量來衡量，而應以個人潛能來衡量。按照沈恩的定義，經過組合的生活與工作才是我們致富的良機。

第十章

最後的思考

photograph © Elizabeth Handy

我一直歌誦獨立生活，因為我相信它是我們許多人可能面對的未來，倒不是因為它是所有人的理想。

老實說，一個只有跳蚤、個體戶及小型組織的世界令我相當憂心。如果自由的另一面是孤單，那獨立的另一面就是自私；因為要實現自我，往往就會忽視他人。蘭迪・高米沙（Randy Komisar）的著作《僧侶與謎語》（*The Monk and the Riddle*）描寫矽谷生活，在他眼中，人類只有侵略與貪婪。一九九九年，教宗針對所謂的新自由主義（neo-liberalism）表達憂慮：「新自由主義純粹以經濟觀點來衡量人，這個制度只看中利潤及市場法則，輕忽個人及人群應有的尊嚴與對他們的敬重。」

如此一來，還真得感謝大型公司、雇用人的組織及施政的政府；感謝它們用各項限制把我們綁在一起，迫使我們放棄自己的自由來達成共同目標；就政府來說，我們放棄自由是為了照顧其他人的利益。美國民主奠基者之一的詹姆斯・麥迪遜（James Madison）[20]曾說，人性的弱點是有為政府的良基。政府存在的目的就是要幫我們照顧好自己與周遭的人。

過去我們仰賴各種社群來承擔部分責任；然而，這些社群，例如公司、家庭及鄰里，如今都發生變化。我們多數人過去都隸屬於這三個社群，享受並承擔這些社群的權利與義務。如今我們只要權利和快樂，而不要責任。我並不是自命清高，我和任何人一樣喜歡城市的隱匿感，因為它不會把責任加在我頭上。

另一方面，我又羨慕那些居住在社區、關係緊密的人們，大家彼此認識，在社區中各司其職，過世或搬家時會受到許多人的懷念。我甚至開始了解，為何巴爾幹及其他地區會有人如此狂熱的投入族群衝突；他們對族群的承諾，換來的是歸屬感及自我肯定。我懷疑要是我突然離開社群，鄰居要不是不知道，就是毫不關心。

這些日子以來，我可能不再那麼被當作異類了。我是個不太願意把時間質押

20 編注：第四任美國總統。

出去的人；但其他人有點走火入魔了，他們認為無論對任何事或對任何人，一切長期的承諾都會綁住他們的未來、限制自己的選擇、提高做事的機會成本。當我年輕的表弟拒絕娶他所愛之人時，他對她說：「我認為你對承諾這個字的看法有問題。」不管老少，許多人偏愛自由自在、無牽無掛，至於對伴侶或公司忠誠，則被視為不理性的承諾，會妨礙個人的野心及行事效率。

社群虛擬化，責任誰來付？

終身雇用制如今不存在也沒必要，勞資雙方都想要有更多的選擇。我結婚時的誓詞「至死方休」，許多人認為是浪漫、不切實際的理想，有人甚至認為有點蠢。我們的兩名子女到現在都還沒「死會」，他們和愈來愈多的人一樣選擇單身。現代人一旦決定結婚，事先簽下婚前協議書的情形愈來愈普遍，以免將來離異時發生爭執。一位年輕女性告訴我：「朋友一生一世，情人來來去去。」我們對孕婦指指點點，就好像對賽馬的種馬品頭論足一樣。感情使人神傷，這是新時代的新說法；現在是只在乎有選擇，不在乎長久承諾。

因此，現在許多家庭的成員不是出生、成長在同一個家庭，而是後來才湊在一起，所以家庭中可能有繼父母或同父（母）異母（父）兄弟姊妹等。無論這種新家庭的運作是如何成功，它都隱藏了一項訊息：選擇比承諾來得重要。愈來愈多的男女選擇完全不生育以保留自己的獨立性；的確，已開發國家的生育率普遍降低，一定就是跳蚤喜歡過獨立生活的後果。如果全球較貧窮的另一半人口經濟發展迎頭趕上已開發國家，並且選擇跳蚤式的生活與工作的話，那麼全球人口甚至將開始出現負成長。

家庭雖然經歷許多改變，但至少沒像其他社群有出現虛擬化的跡象。舉例來說，網際網路提供免費的虛擬鄰里及虛擬工作網，這往往能夠開展或強化真正的友誼及工作。但對那些不喜歡承諾的人，它同樣提供一個不需要負責任的友誼與通訊媒介。這些虛擬社群聽起來很好玩，但他們只營造出親密的幻影以及社群的假象。一位朋友告訴我，他很驚訝自己的電子郵件通訊錄中，竟然有七百個聯絡人；他說：「我終於不再孤獨了。」不過，通訊錄上的人比起真正的朋友或同好還差得遠呢。

我們是否該擔心愈來愈多人不隸屬於任何正式的社群呢？或許吧。一個沒有適當隸屬關係、沒有承諾的生活，就等於是一個不負責任的人生。獨立的生活就是自私的開端，也是極度民營化社會的一個現象。然而，一旦不需要對別人負責任，那就不需要有是非對錯的觀念。一個充滿獨立跳蚤及小企業的世界，有可能會變成一個無道德的世界。只要法律允許，有什麼不可以；或者說得更實際點，只要不被逮到，做什麼都行。追求自己的極大利益有何不可？還有什麼事比這更重要？

問題在於如果我們以此為出發點的話，我們必須假設其他人也會這麼做。在這樣一個世界中，信任是一種愚蠢的行為；每項協議都必須白紙黑字、可依法執行。律師在這裡肯定是生意興隆，但是法院一定無法應付如潮水般湧至的訴訟案件。在一個人人自掃門前雪的世界中，生活實際上將變得更危險，因為暴力犯罪將更普遍，或許甚至是更合理化。住宅將變成自我的監獄，外出就武裝自己，不帶槍就帶防身噴霧及警報器。我們不再在意對其他人的一些責任，因為我們認為繳了稅，就可以把這些問題丟給政府。

贏家全拿，世界不平等

鮑伯．泰若（Bob Tyrrell）是英國最會分析社會趨勢的分析家之一，他稱這種世界是「競爭性個人主義」（competitive individualism）。他預想其中的一種狀況，就是權力由公司移轉到個人，個人在網路上推銷自己，邀請其他人競標自己的工作時間。舉例來說，醫生及教師將成為個體戶或組成小型合夥組織，接受醫院或學校的聘用。這將是一個高活動力的時代，工作及休閒二十四小時都可以進行，由於有折扣或優惠，許多人會選擇非一般時間去上班或遊玩。我們的自我定位將更依據購買力或選擇的生活方式而定，而非根據我們的上班或居住地點而定。美國人的價值觀：我工作愈努力，我的購買力就愈強，將凌駕歐洲人認為工作只是生活一部分的想法。

這種世界的跡象已經出現，一個似乎是專為成功跳蚤所設計的世界，一個贏家全拿的世界。幫傭勞務甚至也已經重新設計，以便照顧贏家的需求：現在已有許多的個人勞務提供者出現，包括廚子、保母、園丁、全人醫療醫師（holistic healer）、個人專屬訓練師及個人專屬購物專家，他們讓成功人士的日子過得更舒服。不過，這些職業也是獨立的跳蚤在經營，不是一般上班族在做。

有的人沉溺在這個不平等且較隔閡的世界中，有的人則無法應付，結果就是這兩種人的差距愈來愈大。政府部門藉由提供人民教育與職訓來因應，但不管政府如何努力，起步晚的人肯定追不上，除非他們被列為專門培養的明日之星，除非他們開始有夢想，找到自己熱愛的事物。我發現要開展獨立的跳蚤生活相當困難，但至少我在那些大型組織歷練過相當長的時間。對那些離開學校後，沒有組織可供其磨練工作技巧的人來說，要過獨立生活更是難上加難。

就算我對跳蚤世界可能產生的後果感到毛骨悚然，但我還是承認這個世界並加入其中。我可以了解人們為何希望當地社區再度出現，為何一再強調權利與責任；我可以了解為何人們要自欺欺人的認定，就算我們二十多歲時會四處闖蕩，多數人最終還是會甘願被組織牽絆；我也能夠了解他們會竄改統計數字，讓自己相信這個世界並未改變，但其實多數人都知道它已經改變。

既競爭又多樣化的個人主義

但是，還有另外一個可能：世界可以用另一種方式改變。

這個世界不必一定要是競爭性個人主義，它可以是多樣化個人主義（varied individualism）。我們可以選擇與眾不同，不見得要出類拔萃；大家都是贏家，不必是贏家全拿；我們可以自己選擇贏家的定義。多樣化可以是不同、而且都被接受的生活方式，而不是不同的競賽。

泰若所預見的另一種未來，就是一個重視差異性的社會，這個社會的新哲學即是待人寬容如待己。人們將依據企業的所作所為來評價企業，但生活中的其他部分則按另一種步調及同樣合理的價值觀運作。志工、公共服務、甚至是宗教奉獻，可能都將重新受人敬重。從綠色和平組織到關懷老人組織（Age Concern），這些組織將取得政治合法性，成為一個更有效影響政府施政的手段，遠比每四年投票來改朝換代更有影響力。

而實際的情況可能是兩者並存；既競爭又多樣化的個人主義。競爭性個人主義適合年輕人及有野心之人，它可以驅動創新與創造力，可以驅使人創業並迫使機構跟上時代的脈動，一個國家或企業要是沒有這種活力便會凋零。但不是每個人都喜歡這種激烈競爭，特別是年紀稍長時。

中年族群必須重新省視人生

我到中年，野心也磨光了；該做、該看的都做了，老實說是試過了、也挫敗過了。我發現自己想改變人生價值觀的優先順序，生活步調轉慢、放鬆，多點時間沉思冥想、聯絡友誼、三省吾身，少點截止時間及各項要求的壓力。我不是想退休，而是要重組我的生活，多點時間去做些別的事。我和內人商定的生活模式是相當獨特的，不過，隨著中年社會的到來，更多健康、有活力的中年人會更有自信的訂出人生下一個階段的重點，用不同方式來安排自己的生活；這個現象或許和政府呼籲人民要為自己的未來負責不謀而合。無論如何，少了組織的雇用與保護，或是缺乏國家適當的支援，這些新的中年族群必須要作自我抉擇與安排，不過這是不是他們想要面對的情況。

另一方面，中年人口所擁有的票數將超越其他年齡層。他們會運用這樣的投票權來謀取自身利益，支持採取高退休金及補貼，並把這筆負債轉嫁給下一代？

還是他們會爭取更多地方自治權，較不願意接受一體適用的中央解決方案，好讓街道更安靜、飛機噪音更小、空氣更潔淨，以及組織更具環保意識？新中年族群真的會是布魯斯特（Kingman Brewster，前哈佛大學校長）二十年前所說可托付未來的人嗎？我們只能寄望他們能面對挑戰，即使他們只是用選票來換取大眾利益，而不是滿足私利都好。

這個族群將發現他們的聯合購買力將引領新時尚，一般預料他們會購買更多的時間與勞務，而非貨品。醫療、旅遊、教育及個人勞務被認為是未來成長的領域，這些領域都是高度重視個人感覺，並非以高科技掛帥，不過高科技可以扮演輔助的角色，帶來一個較個人化、較友善的商業世界。誰知道呢，在這個族群的要求下，或許總機將再度回到真人接聽而非是語音總機。以樂觀的角度來看，這個族群可以選擇使用他們的新消費力來影響大型組織的行為，杯葛剝削他人的公司，支持重視環保的公司。

充滿希望的美景有待實現

如果願意的話，個人將更有機會對組織發揮影響力，這是因為組織內各業務單位的規模將變小，而且更平易近人，雖然說組織合併後的規模會變大。政府部門將會開始無可避免的聯邦化，不過英國人就是不喜歡這個字眼，因為他們打從內心就不信任這個制度。在承認地方多元化的前提下，地方將擁有更多的決策權，而且必須自行籌措更多財源。在歐洲，民族國家將受到兩方面的壓力，一方面是來自歐盟總部布魯塞爾的整合壓力，另一方面則是區域多元化的強烈要求。聯邦制度的地方化精神最終將獲得落實，中央政府不能越俎代庖，搶走屬於地方的決策權。

志工服務預期將會成長，使得參與地方社區志願服務的機會增多。政府將更加依賴像是民眾服務社等機構，來提供人民各項支援與諮詢。政府可以推廣志工行為是良民的典範，但是社會服務的品質一定會受到預算的限制。沒關係，只要地方善心人士熱心出錢出力，事情既做得好，政府的支出也會減少。不必管是出於什麼動機，這都將使我們的社區更緊密結合在一起。最近我看到許多剛退休的朋友充當司機接送老人或殘障人士上醫院或赴約，這真的讓我非常訝異。這群朋友總是說：「我碰到一些相當有趣的傢伙。」這些傢伙其實都是他們的鄰居，若不是當志工，大家說不定會老死不相往來。

可惜這個充滿希望的遠景不見得一定都很美好。要讓我們自己選的話，我們或許會找些志同道合的人湊在一起；然而，真是這樣的話，就算我們並非故意搞小圈圈，我們也不太容易碰到同溫層以外的人。社會還是會分裂，可以整合眾人的共同目標將愈來愈少。凝聚社會向心力的黏著劑，也就是所謂的社會資本，將受到侵蝕。恐懼、猜疑及對立的情況將會增多；待人寬容如待己的美德則不復存在。

究竟會朝哪個方向發展？目前出現的徵兆並不全是好的。

我想起一九八一年對社會的樂觀期望。

更加激烈的人生競賽

我以前認為隨著社會愈富裕，社會將平靜下來；然而，情況似乎恰好相反，社會反倒更狂熱起來。我以前認為財富會讓人更和善、更包容；然而，人們卻變得更愛競爭、更加保護自己擁有的東西。我以前希望大家的工作與休閒都能夠均等，不要有的人多、有的人少。我們的雙親一生工作十萬小時，在生產力提升的前提下，我原本預估我們的下一代只要工作五萬小時就夠了；但我太天真了，結果是多數人都愛賺更多錢，可能的話，寧願繼續做滿那十萬小時，少點休閒無妨。

經濟的進步似乎只是讓人生的競賽更加激烈，並未消除其中的障礙。我在過去強調兩種公平正義，第一種是能給予每個人所應得的正義，第二種是能給予每個人所需的正義；後者得到伸張，前者才能被容忍。這種工作只有政府做得來，而英美兩國政府長久以來都集中在追求第一種公平正義上。

英國國民義務教育的意義就是要讓大家的人生機會均等。事實不然，因為它並未把每位年輕人的個人差異、才華、期許及學習方式納入考量。我們現在已經懂得因材施教，但是還有一段長路要走，而這主要也是政府的工作。

我以前希望科技的進步可以讓更多人在家工作，如此便能重建類似農業社會的地域型社群。我其實並不想要這種社群，但我以為別人會想要。我錯了，多數人仍然渴望因利益相結合的社群，也就是工作社群，以及這種社群所提供的辦公空間以及實體接觸，但是目前這種情形也已經開始改變。新出現的在家工作者運用新科技，不是讓自己更扎根本土，反而是和全球互動，把自己鎖在房裡，不和鄰居來往。

生態及有機物等字眼在二十年前開始出現，瑞秋・卡森（Rachel Carson）在《寂靜的春天》（*Silent Spring*）中把這個世界改寫成世界末日即將到來一般。我滿懷希望的注意著地球高峰會及之後簽訂的各項議定書與協議，還有接著召開的許多國際會議。時至今日，我們仍常聽到危害環境的消息傳出，像是濫墾山林、溫度及海平面上升等，但似乎很少有人真正關心而採取實際行動。大家必須齊心做環保，因為一柱難擎天，而且我們只有一個地球，焉能坐視不管。

與社會結合的精神生活

我以前最後的一個期望就是大家對精神生活更感興趣後，社會將變得更有愛心，會對社會邊緣人伸出援手。我過去認為這是我們跳脫困境的一個解決方法，然而，新的精神生活似乎更強調個人內心，追求的是個人解脫或重生，自絕於外界，封閉自己，這不是我認識的宗教行為。

我一直不知道自己在基督教的傳統上是這麼守舊，後來是一位在義大利佛羅倫斯英國教會任職的牧師點醒了我。這位牧師當時正導引一群美國大學生參觀烏菲茲美術館，他要大家注意館內許多可愛的聖母像與其他東西。導覽結束後，他聽到一位年輕女性對另一人說：「你發現了嗎？聖母像都是一個樣，手裡永遠都是抱著聖嬰。」

我們笑了，接著就停頓下來。世俗的社會就是這個樣子嗎？一個甚至沒有宗教故事來維繫文化、強調道德的社會嗎？我們是否低估西方社會中基督教文化（不同於基督教義）的重要性？我們不禁懷疑，如果沒有一套宗教故事、一套共同的道德規範架構、一個「人之所以為人」的共識、一個宗教或一個神話，一個社會還能不能存在下去？

或許問題出在現在有太多神祇了，美國哲學家詩人卡洛斯．艾佛森（Carlos Efferson）就是這麼認為的。在他所列出的眾神當中，排在前面的仍是聖經之神，雖然說信眾已日漸減少。但是，如今地位愈來愈重要的是權力、榮耀、工作或財富之神，這些神乃是隔離而非凝聚人類。或許艾佛森可以再加上幾個神，例如名聲、時尚之神等。另外，艾佛森指出還有「自以為神」，這些人整天活在自己欲望的祭壇上，相信這就是生活的必然模式，不和自己一道的人就是傻子。此外還有部落之神（Tribal Gods），這種神的信徒認為他們被人所害，而加害者一定要承受痛苦。最後，還有為數眾多的無神論者。

我可以了解艾佛森所描寫的世界，這讓我的心往下沉。如果這些神就是今日宗教的解答，那麼他們只會把問題愈弄愈糟而已。我們已經變成和古希臘人一樣，神無所不有，四季、個性都有自己的神祇；互相殘殺之神；離間人類而非凝聚人類之神。難道我們的傳統宗教就幫不上什麼忙了嗎？

大家心知肚明，宗教是透過恐懼而非關愛來凝聚社會的。宗教定下戒律、設定標準並設計各項懲罰；以基督教來說吧，從惡名昭彰的宗教審判到吟誦「萬福馬利亞」（Hail Marys）。每個宗教都有自己的準則與戒律，以及獨特的懲罰標準。只要多數人信奉它的基本教義，宗教就達到約束社會的目的。

宗教故事的意義

然而，現代的世俗社會已經不再接受基本教義。宗教已經變成各種教派的私務，許多教派還有偶像崇拜。各教派有其狂熱的信徒，但誠如艾佛森所說，這些信徒只不過是膜拜諸神中其中一個神，對社會起不了太大作用。相反的，政府部門開始介入這個思想的真空區，推行所謂的好生活、家庭價值、飲食禁忌、探討抽菸與否、適合的性行為年齡等，甚至如何對待其他種族、信仰或性別的人都要管。我們排斥這種保母式的國家機器，但又找不到替代品，建立一套規範與標準。我想是不是能為現代社會重新創立宗教？

以傳統觀念來看，我並非基督徒。我曾在藍貝斯宮（Lambeth Palace）接受頒獎，表彰我設計的一個人生宗教之旅課程。獎狀上的文字洩了我信教不誠的底：「儘管主講人對基督教的觀點不正統，但是課程設計優良、發人深省。」

我不相信有一個人格神存在，或許這是對我童年記憶持續的一種反叛，不過上帝主宰宇宙這個觀念的確令我反感。但我相信基督教的故事，以及猶太教、佛教、回教、印度教的故事，它們告訴我們許多做人的道理及人生的意義，我相信所有宗教應該都萬變不離其宗。它們都是故事，不是歷史，說穿了就是神話，它述說著遠古時代個人與社會的重要事實，那個時代人們的思考是具體而非抽象的，故事是有意義的，圖畫是用來傳達訊息的。

重新詮釋宗教

這些故事有其影響力，它們激發出曠世樂曲、藝術及文學名著；它們賦予人們為高尚理想而戰的勇氣；忍受極大的責難、甚至死亡。同樣的，這些故事也驅使人們犯下恐怖罪行，這些人乃是按自己的目的去曲解教義。究竟是什麼魔力，讓人會為一些他們看不到的無形事物殺人或被殺？

我們要是放棄這些影響力很大的故事，就是神志不清了，但它們的確需要重新解釋，以符合當代的需求。基督教義死後新生、救贖與寬恕、無條件的愛等觀念，在今天仍引起共鳴。就復活這個字來說，現在的說法是重生，它是指當舊生命結束或凋零時，你必須去尋找新生命，而且你要相信自己也有這個能力；但是要趁現在，在今生就做，而不是等到不知明夕是何年的下輩子。寬恕對自我成長來說也很重要，如果你不能寬恕你的敵人，你就會一輩子和他們糾纏在一起。有時要原諒自己反而更難，宗教是透過告解與懺悔來達成的，現在我們則是把這個任務丟給心理治療師。

我重新詮釋宗教的方法是找到上帝的同義字，像是良善與真實。我認為上帝存在我們心中，得靠我們自己去找；人心有善良亦有邪惡的部分，人生的目的就是要揚善抑惡，不但要修身，還要影響他人。我把人生視為追尋自我內心的真實，我的意思就是說要對得起自己的良心。盡可能發揮一己之力幫助他人，而不是逃避責任。我如果口是心非、討好眾人、規避事實，那我馬上就會良心不安。這又回到文藝復興時期的人文學者馬爾西利奧・費奇諾所說，我們的靈魂就是最偉大的內在自我，它潛力無窮。

發揮潛能，讓自我重生

我另外要提的是一位更務實的人物，他就是英國十八世紀造景園藝大師，人稱「能人」的蘭斯洛特．布朗（Lancelot 'Capability' Brown），英國許多名宅附近的公園都是他一手設計的。他之所以有「能人」的這個外號，來自於他善於觀察造景地的地貌與地物。他最常說的就是：「這塊地潛能無窮。」如果這意味著有許多潛能待開發，我不介意被稱為「能人韓第」；當然，我說的都是一些待開發的好潛能。但這不是一件容易的事，曾經有人問我的朋友：「你不厭倦一直做你自己嗎？」這是個好問題，偶爾能跳脫自己，確實是相當吸引人。

長期追求個人潛能的信仰是支持我的人生力量。但是，我也知道對跳蚤來說，這種信仰就像是一個宗教；它無法凝聚一個民族，也無法號召十字軍東征或促成重大改革。我希望「潛能」可以成為一個人性社會的核心，但必須伴隨另一種文化，一個關懷他人的文化。

不管個人利益是多麼崇高，我們都要想辦法加以平衡，不能只顧一己之私，不管他人死活，我們要能做到基督教長久以來宣揚的教義：愛人如愛己。人權立法日漸獲得重視就是關懷他人的展現，但法律若要能有效執行，必須有一套道德共識作為後盾才行。這讓我想起倫敦高門（Highgate）墓園中馬克思的墓誌銘：「哲學家只不過是在對這個世界做出詮釋，然而，重要的是要改變這個世界。」

希望我們做得到。

我能做到的事，就是按照自己認為正確的方式去生活，或許我們多數人也都能做到。從我改過跳蚤生活至今已經有二十年了，如果我還能再活個二十年的話，我就將近九十歲了。我寫了一封給孩子們的信，吩咐他們要在我死後才能打開。它包括我詳細的生平描述，以及我對人生行事優先順序的看法，這是我一直希望在父親過世前能和他討論的事。我偶爾會更新這封信的內容，省思一下之前所寫的事情。隨著時間的過去，我的野心不再，人生有了柔緩的新步調，我發現這封信的內容也改變了。

我想起古諺有云：「快樂就是有事做、有希望、有人愛。」我打算要快樂的活著。

財經企管 BCB703

大象與跳蚤
組織與個人的新關係（經典珍藏版）
The Elephant and the Flea: looking backwards to the future

作者 — 查爾斯．韓第 Charles Handy
譯者 — 潘東傑

總編輯 — 吳佩穎
書系主編 — 蘇鵬元
責任編輯 — 蘇鵬元、王映茹
編輯協力 — 許玉意
封面設計 — 張議文

出版人 — 遠見天下文化出版股份有限公司
創辦人 — 高希均、王力行
遠見・天下文化・事業群 董事長 — 高希均
事業群發行人／CEO — 王力行
天下文化社長 — 林天來
天下文化總經理 — 林芳燕
國際事務開發部兼版權中心總監 — 潘欣
法律顧問 — 理律法律事務所陳長文律師
著作權顧問 — 魏啟翔律師
社址 — 臺北市104松江路93巷1號
讀者服務專線 — 02-2662-0012｜傳真 — 02-2662-0007；02-2662-0009
電子郵件信箱 — cwpc@cwgv.com.tw
直接郵撥帳號 — 1326703-6號 遠見天下文化出版股份有限公司

電腦排版 — 李秀菊
製版廠 — 東豪印刷事業有限公司
印刷廠 — 祥峰印刷事業有限公司
裝訂廠 — 精益裝訂股份有限公司
登記證 — 局版台業字第2517號
總經銷 — 大和書報圖書股份有限公司｜電話 — 02-8990-2588
出版日期 — 2020年06月30日第三版第一次印行

定價 — 450元
ISBN — 978-986-479-987-9
書號 — BCB703
天下文化官網 — bookzone.cwgv.com.tw

國家圖書館出版品預行編目（CIP）資料

大象與跳蚤：組織與個人的新關係（經典珍藏版）
／查爾斯．韓第（Charles Handy）著；潘東傑譯.
-- 第二版. -- 臺北市：遠見天下文化，2020.06
384面；14.8×21公分. --（財經企管；BCB703）
譯自：The Elephant and the Flea: Looking
Backwards to the Future
ISBN 978-986-479-987-9（精裝）
1. 組織管理 2. 未來社會
494.2 109005147

天下文化
BELIEVE IN READING